Die Insel Ischia ist vielen Menschen wegen ihrer zahlreichen Thermalwasservorkommen bekannt. Diese für die gesundheitliche Anwendung zu nutzen, ist oft der Anlass für den Besuch der Insel. Dabei ist es für einen Laien nicht einfach, einen Überblick über die Verbreitung der unterschiedlichen Thermalwässer und deren Wirkung zu bekommen.

Mit Hilfe dieses Buches wollen wir das nun ändern!

Gewidmet „unserer" Insel ISCHIA, allen Geo-Ausflugs-
steilnehmern und Gästen des Thermalparks „Giardini
Poseidon Terme", die mit ihrer wachen Neugier, regem
Interesse und vielen faszinierenden Fragen dieses Buch
ermöglicht haben.

Powered by: www.eurogeopark.com

Aniello Di Iorio & Ruth König

Führer zu den Thermalwässern der Insel Ischia

Entstehung, Verbreitung, Nutzung und therapeutische Wirkung

Bibliografische Information der Deutschen Nationalbibliothek:

Die Deutsche Nationalbibliothek verzeichnet diese Publikation in der Deutschen Nationalbibliografie; detaillierte bibliografische Daten sind im Internet über http://dnb.dnb.de abrufbar.

© 2016 Aniello Di Iorio & Ruth König

Illustration: Aniello Di Iorio

Herstellung und Verlag:
BoD – Books on Demand, Norderstedt

ISBN: 978-3-7386-5155-3

Printed in Germany

Inhaltsverzeichnis

Vorwort

Viele Bücher sind über die Thermalwässer der Insel Ischia geschrieben worden. Die meisten wenden sich an ein Fachpublikum. Hier sind wir einen anderen Weg gegangen. Die Fachausdrücke der Fachleute haben wir bewusst vermieden. Dort wo sie unumgänglich sind, werden wir sie allgemeinverständlich erläutern. Bei der Erstellung dieses Buches haben kompetente Fachleute unterschiedlicher Fachrichtungen (Geologen, Ärzte, Orthopäden, Physiotherapeuten, usw.) zusammengearbeitet und jeder hat dazu beigetragen, die Zusammenhänge über Entstehung und Wirkung der Thermalwässer aus den jeweiligen Fachgebieten heraus zu erläutern. Um diesem Anspruch gerecht zu werden, haben wir uns immer wieder gefragt, welche Punkte für Sie als Leser von besonderer Bedeutung sind. Herausgekommen ist dieses Werk, das Ihnen helfen soll, die Zusammenhänge zwischen der in der Tiefe der Insel liegenden Entstehung der Thermalwässer und deren Nutzung bei der Heilung zu verstehen.

Wir haben alles unternommen, um die Richtigkeit des Buchinhalts sicherzustellen. Etwaige Korrekturen und Änderungen finden Sie auf folgender Webseite: www.eurogeopark.com/buch/thermalwasser.aspx.

Hier finden Sie auch Berechnungsformulare, Analysebeispiele, Formeln, Umrechnungsfaktoren und vieles mehr.

Sie haben dort zusätzlich die Möglichkeit, an der Diskussion über diese Auflage teilzunehmen und an der Vorbereitung für die nächste Ausgabe aktiv mitzuwirken! Wenn Sie Kommentare, Fragen oder Anregungen zum Inhalt dieses Buches haben, oder Fragen, die Ihnen das Buch oder ein Besuch auf der oben angegebenen Webseite nicht beantworten können, senden Sie bitte eine E-Mail an folgende Adresse: post@eurogeopark.com.

An dieser Stelle wollen wir Danke sagen, all denen, die bei der Erstellung dieses Buches mitgeholfen haben. Es bedurfte der Unterstützung von Menschen und Fachleuten unterschiedlicher Fachrichtungen: Geologen, Ärzte, Orthopäden, Physiotherapeuten, usw. Wir bedanken uns bei allen, auch wenn hier eine namentliche Nennung aller nicht möglich ist, die mit Fragen, Hinweisen, Anregungen oder Verbesserungsvorschlägen, sowie für die Bereitstellung der Thermalwasseranalysen, an der Fertigstellung dieses Buches beigetragen haben.

Ein herzliches Dankeschön an alle Gäste der Geo-Ausflüge, die durch ihre Neugierde oft neue Ideen für die Durchführung dieses Buchprojektes stimuliert haben.

Dem geologischen Institut der Universität Bremen unter der Leitung von Herrn Dr. Kay Hamer sind wir zu Dank verpflichtet für die Unterstützung bei den Analysen der Proben und die Diskussionen spezieller geologischer Fragen. Jederzeit gewährte Herr Dr. Hamer umfangreichen fachlichen Rat, auch bei der grafischen Gestaltung der Tafeln und bei der experimentellen Durchführung regionaler Untersuchungen.

Besonderer Dank gilt den nachfolgenden Personen, die maßgeblich zur Umsetzung des Buches beigetragen haben:

Frau Diplom-Geologin Mechthild Böthig des geologischen Instituts der Universität Bremen hat durch umfangreiche fachliche Unterstützung, ihre Bereitschaft zu fachlichen Diskussionen und durch ihr persönliches Engagement (Projekt- und Masterarbeit über die Thermalquellen der Insel Ischia) zum stetigen, positiven Fortschritt des Projekts beigetragen.

Meine Mitarbeiterin Frau Diplom-Geologin Yvonne Roeper war ständig bereit Fragen zu klären bzw. neue Denkanstöße und Ratschläge zu geben.

Herr Dr. Christian Breuer vom geologischen Institut der Universität Bremen unterstützte uns bei der Probennahme und Analyse der Thermalwässer der Insel Ischia.

Nicht zuletzt seien mein langjähriger Freund Herr Diplom-Geologe Peter Zweigel und meine Mitarbeiterin Frau Diplom-Geologin Sophie Pröhl genannt, die mit Ihren Kritiken und Korrekturarbeiten diesem Werk den letzten Schliff gegeben haben.

Aniello Di Iorio

Über die Autoren

Aniello Di Iorio begrüßt Sie in der Welt der Geologie! Er wurde auf der Insel Ischia im Golf von Neapel geboren und hat sein Geologiestudium in Deutschland an der „Johannes Gutenberg"-Universität in Mainz absolviert. Seine Diplomarbeit zum Abschluss des Studiums hatte die Vulkane der Eifel zum Thema. Nach dem Erhalt des Diploms begann er als Geologe zu arbeiten. Eine Arbeitsstelle in einer international tätigen Firma, die mit Natursteinen handelte, führte ihn in zahlreiche Länder, wo er u.a. die Qualität zum Verkauf angebotener Steinblöcke begutachtete. Als er Mitte 2000 in sein Geburtsland Italien zurückkehrte, erhielt er die staatliche Anerkennung seines deutschen Universitätsdiploms in Italien. Seither ist er ordentliches Mitglied der Geologenkammer von Kampanien. Diese Anerkennung autorisiert ihn, seiner Arbeit als Geologe hier nachzugehen. Als Freiberufler führt er Beratungen durch und verfasst geologische Gutachten, z.B. bei Bauvorhaben, Straßenbau, Probebohrungen für Geothermik und Thermalwasservorkommen. Neben diesen Tätigkeiten hat er hier auf seiner Heimatinsel Ischia eine neue Art von Ausflügen in die reiche Natur kreiert: die „GEO-Ausflüge Ischia". Es sind Ausflüge für Touristen, aber auch Schulklassen, die die Naturschönheiten besonders unter dem Aspekt der Erdgeschichte und ihrer geologischen Bedeutung präsentieren und erklären. Die Insel Ischia ist als Vulkaninsel mit entsprechenden geologischen Phänomenen, z.B. den reichen Thermalwasservorkommen, ein wunderbares und hochinteressantes Terrain. Seine GEO-Ausflüge bietet er als Wanderungen, als bequeme Minibus-Touren aber auch als Bootstour rund um die Insel an. Einige der Ausflüge umfassen auch die Nachbarinsel Procida oder erstrecken sich bis hin zu den Phlegräischen Feldern und Pozzuoli. Er führ auch entsprechendes Fachpublikum und Wissenschaftsjournalisten vom Fernsehen und das nicht nur in der unmittelbaren Umgebung der Insel Ischia, sondern z.B. auch zum Vesuv oder zu den Äolischen Inseln. Er arbeitet bereits seit 15 Jahren mit diesen speziellen GEO-Ausflügen. Immer mehr Touristen und namhafte Reiseagenturen nehmen gern und zahlreich sein innovatives Ausflugsprogramm an. Es macht ihm große Freude, den erholungssuchenden und interessierten Menschen die außerordentlichen Naturschönheiten und geologischen Phänomene „seiner" Insel Ischia zu zeigen und zu erklären.

Dr. Ruth König ist Fachärztin für Allgemeinmedizin und lebt seit 25 Jahren mit ihrem italienischen Ehemann und ihrer Tochter auf der Insel Ischia. Seither hat sie die ärztliche Leitung des bedeutenden Thermalparks „Giardini Poseidon Terme" inne. Nach dem Medizinstudium in München und Italien und der Weiterbildung in Allgemeinmedizin sowie der Facharztausbildung für Infektions- und Tropenmedizin in Mexiko und Italien, richtete sich ihr medizinisches Interesse auf die ganzheitliche Medizin mit Weiterbildungen unter anderem in Naturheilverfahren, Balneo[1]- und Klimatologie, Akupunktur, Reise- und Ethnomedizin[2].

Die langjährige Erfahrung in der ischitanischen Kurmedizin und Thermalkultur, die tägliche Konfrontation mit Schmerzpatienten, größeren und kleineren Unfällen und Notfällen, Freud und Leid des internationalen Publikums der Poseidon-Gärten, hat sie von der Wichtigkeit der Kurmedizin bei den heutzutage so häufigen chronischen und degenerativen Erkrankungen und den sogenannten Zivilisationsschäden überzeugt und ihre Liebe zu der grünen Insel Ischia, als einem aus Thermen, Meer, Sonne und Kultur bestehendem Gesundbrunnen, reifen lassen. Durch Beratung und Betreuung der (Kur-)Gäste, Organisation von Vorträgen und Erfahrungswochen, vermittelt sie, die auf uralter Tradition gegründete aber hochmoderne ganzheitliche Sichtweise des Konzepts von Gesundheit, als nicht nur Abwesenheit von Krankheit sondern als physisches, psychisches und soziales Wohlbefinden des Menschen. Um die einzigartigen Gegebenheiten der Insel Ischia zu Gesundheit und Erholung möglichst vielen Menschen bekannt zu machen, hat sie gerne zu diesem eigentlich geologisch orientierten Buch beigetragen.

---

[1] Balneologie ist die Lehre der therapeutischen Anwendung und Heilwirkung des Wassers.

[2] Ethnomedizin ist die Heilkunde der Naturvölker unter Verwendung der traditionellen Heilweisen.

1 EINFÜHRUNG

Die Insel Ischia ist vielen Menschen wegen ihrer zahlreichen Thermalwasser-Vorkommen bekannt. Diese für die gesundheitliche Anwendung zu nutzen, ist oft der Anlass für den Besuch der Insel. Dabei ist es für einen Laien nicht einfach, einen Überblick über die Verbreitung der unterschiedlichen Thermalwässer und deren Wirkung zu bekommen. Mit Hilfe dieses Buches wollen wir das nun ändern. Wir haben das Buch für Laien konzipiert und möchten damit den Gästen der Insel helfen, das für ihre Leiden und Bedürfnisse optimale Wasser zu finden sowie die wohltuende Wirkung der Wässer zu erfahren. Darüber hinaus möchten wir die deutschen Ärzte über die verschiedenen Thermalquellen auf Ischia informieren und ihnen die therapeutische Wirkung der Thermalwässer erläutern, damit sie ihren Patienten eine wirkungsvolle Therapie verordnen können. Vor allem in Kombination mit der entspannenden Atmosphäre der Badeanlagen, dem beruhigenden Blick auf das Meer und dem ausgewogenen Klima mit seinen milden Temperaturen wird bereits nach wenigen Tagen ein ausgezeichneter Erholungseffekt spürbar.

2 GEOGRAPHIE

Die Insel Ischia befindet sich ca. 30 km südwestlich von Neapel und ist mit 46 km² Fläche die größte Insel im Golf von Neapel. In den sechs Gemeinden der Insel (Barano, Casamicciola Terme, Forio, Ischia, Lacco Ameno und Serrara-Fontana) sind insgesamt 60.000 „Ischitaner" beheimatet.

In der Geologie spricht man bezüglich Ischia von einem vulkano-tektonischen Horst. Das bedeutet, die Insel ist durch die vulkanischen Tätigkeiten und damit verbundenen tektonischen Prozessen im Laufe der letzten 55.000 Jahre entstanden. Die höchste Erhebung der Insel ist der Monte Epomeo mit 789 m, der jedoch kein Vulkan ist. In etwa 2,5 km Tiefe befindet sich eine Magmakammer, die für die insgesamt ca. 40 Ausbruchszentren auf der Insel verantwortlich ist. Noch heute zeugen aufsteigende Gase und unzählige Thermalquellen von den magmatischen Prozessen unterhalb der Insel.

Die tektonische Aktivität hat zahlreiche Bruchstellen hervorgebracht, die im Gelände oft gut als tiefe Täler zu erkennen sind. Besonders deutlich ist dies an der Südwest-Nordost verlaufenden Senke von Barano nach Ischia-Porto/Ponte zu erkennen, welche die Insel in das Epomeo Massiv und den Campagnano Bergstock unterteilt.

2.1 Klima

Die Insel Ischia liegt im Bereich des gemäßigten, mediterranen Klimas. Es gibt lange, sehr trockene und heiße Sommer, und im Winter bleibt es mild bis kühl, allerdings auch mit regnerischen Tagen (Abbildung 1).

Für einen Strandurlaub auf der Insel bietet sich die Zeit von Mai bis Ende Oktober an. Erst ab Mai sind die Wassertemperaturen angenehm. Die wärmsten Monate sind Juli und August. Die durchschnittlichen Tagestemperaturen erreichen dann ca. 30°C und es ist mit 2-3 Regentagen pro Monat zu rechnen.

Die Insel bietet aber auch gute Voraussetzungen für einen Wanderurlaub. Als beste Reisezeiten empfehlen sich dann Frühling und Herbst. Bereits in März und Mai werden angenehme Temperaturen von durchschnittlich 18°C erreicht. Im Herbst sind auch die Wassertemperaturen noch hoch genug für einige Strandtage.

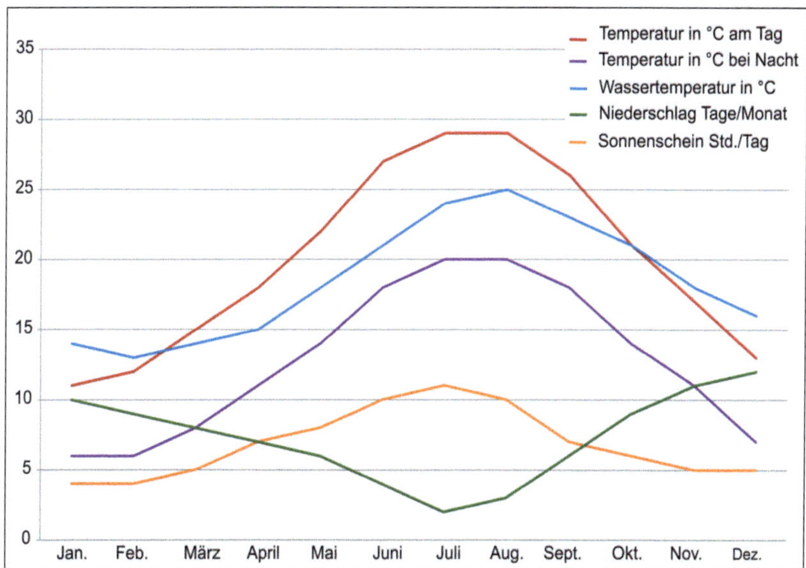

Abbildung 1: Klimadiagramm für die Insel Ischia mit Durchschnittswerten für Temperatur, Sonnenschein und Niederschlag.

Der Winter ist mild und die kältesten Monate sind Januar und Februar mit durchschnittlichen Temperaturen von ca. 11°C.

Von November bis Januar regnet es häufiger (mehr als 10 Tage pro Monat) und die Sonnenstunden sind gering.

2.2 Geschichte der Thermalwässer auf Ischia

Wer nach den Besonderheiten der Insel Ischia gefragt wird, dem fallen meist als Erstes die zahlreichen Thermalwässer und deren heilende Wirkung ein. Heute hat fast jedes Hotel ein Thermalbad und bietet Kuren und Wellness in modernen Einrichtungen an. Doch wie hat alles angefangen? Wer entdeckte die heilsame Wirkung der Thermalwässer und wie hat sich die Nutzung der Thermalwässer im Laufe der Zeit entwickelt? Mit diesen Fragen befasst sich dieses Kapitel.

Die Geschichte der Thermalwässer auf der Insel Ischia geht bis in das 1. bis 3. Jahrhundert v. Chr. zurück. Damals entdeckten die Euböer die Nitrodi-Quelle bei Buonopane und widmeten sie dem Gott Apollon und dessen Nymphen. Im Jahre 89 v. Chr. gab schließlich Sylla, ein römischer Politiker, Feldherr und Diktator, den Impuls für die Nutzung der Thermalwässer. Auf Ischia entwickelte sich nun eine Thermaltradition, die leider mit dem Ende des Römischen Reiches zunächst wieder verschwand. Erst in der Zeit der Renaissance wurden die Thermalquellen auf Ischia wiederentdeckt. Neue Impulse dazu gab Vittoria Colonna, die berühmte italienische Dichterin, im 16. Jahrhundert. Die Thermaltradition blühte erneut auf und 1588 schrieb Giulio Jasolino, ein berühmter neapolitanischer Arzt, ein umfassendes Buch über die Verwendung und Wirkung von Thermalwasser. Fast 250 Jahre später, im Jahre 1835, veröffentlichte der Schweizer Arzt Jacques Etienne Chevalley De Rivaz einen Führer zu den Thermalquellen der Insel Ischia.

In den vergangenen 40 Jahren wurden die Thermalwasserkuren intensiv erforscht. Mit wissenschaftlichen Methoden gelang es, die Wirkung dieser Kuren auf die Gesundheit zu belegen. Heute werden ein- bis zweimal im Jahr Proben der Thermalwässer genommen und analysiert. Immer häufiger wird auch die elektrische Leitfähigkeit gemessen, die einen Hinweis auf die Ionen[3]-Verhältnisse im Wasser gibt. Das ist besonders bei den Thermalwässern in der Nähe des Meeres wichtig, da sich hier das Thermalwasser im Laufe der Kursaison durch Abpumpen immer mehr mit Meerwasser vermischen kann und sich dadurch die Ionen-Verhältnisse und auch die mikrobiologische Zusammensetzung des Thermalwassers ändern können.

---

[3] Ionen sind elektrisch geladene Atome oder Moleküle. Die negativ geladenen Ionen werden als Anionen bezeichnet und die positiv geladenen Ionen heißen Kationen.

3 GEOLOGIE

Ischia ist aus geologischer Sicht eine sehr junge Insel. Dennoch gab es in den letzten 55.000 Jahren eine Vielzahl von Aktivitäten, die letztendlich zu der Entstehung Ischias führten. Auch das Vorkommen der zahlreichen Thermalquellen steht in direktem Zusammenhang mit der Entstehung und den heutigen geologischen Verhältnissen der Insel. Daher möchten wir Ihnen in diesem Kapitel erläutern, welche Prozesse zur Entstehung geführt haben und wie sich die Region im Laufe der Zeit entwickelt hat.

3.1 Entstehung der Insel Ischia

Zusammen mit den benachbarten Phlegräischen Feldern und dem Vesuv gehört Ischia zum quartären Vulkanismus in Italien. Das Quartär ist der jüngste geologische Zeitabschnitt und umfasst die letzten 1,8 Millionen Jahre der Erdgeschichte.

Die Geschichte der Insel Ischia beginnt vor ca. 55.000 Jahren. Damals stieg Magma, ein zähflüssiger Gesteinsbrei, entlang von Schwachstellen in der Erdkruste auf und bildete eine Magmakammer (Abbildung 2).

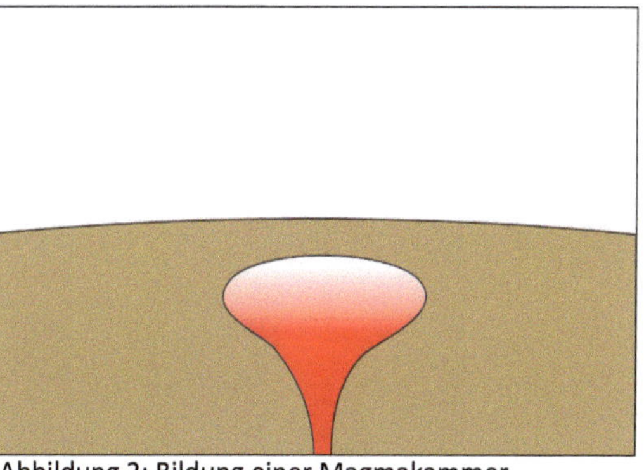

Abbildung 2: Bildung einer Magmakammer.

Beim Durchbruch an die Oberfläche wurden das aufgestiegene Magmamaterial und mitgerissene Fragmente der überliegenden Gesteine zerkleinert und in die Erdatmosphäre geschleudert, wo die Magmatröpfchen zu kleinen Gesteinsbrocken erstarrten. Es bildeten sich riesige Gesteinswolken, die großteils in der Nähe der Magmakammer wieder abgelagert wurden (Abbildung 3).

Durch zahlreiche Vulkanausbrüche entleerte sich die Magmakammer nach und

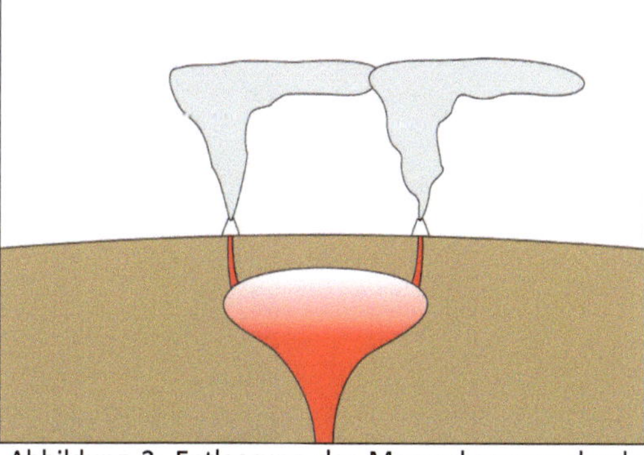

Abbildung 3: Entleerung der Magmakammer durch mehrere Vulkaneruptionen.

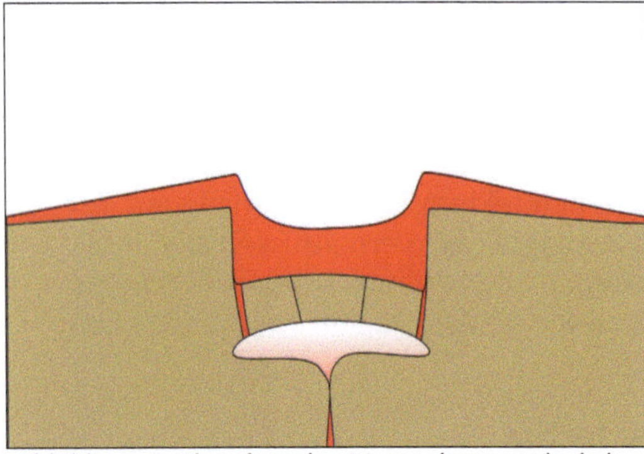

Abbildung 4: Absacken des Magmakammerdeckels - Bildung einer Caldera.

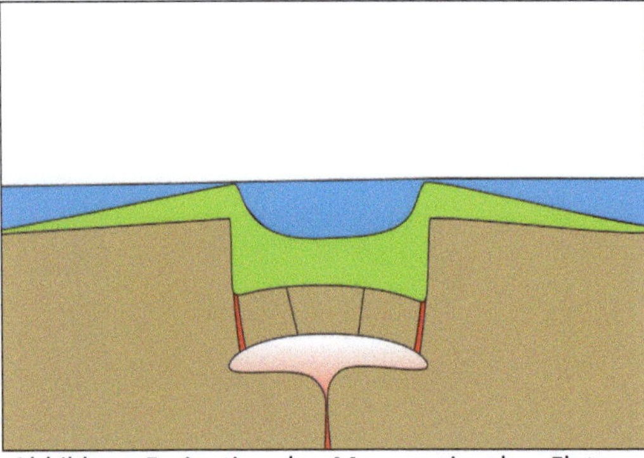

Abbildung 5: Anstieg des Meeresspiegels - Flutung der Caldera.

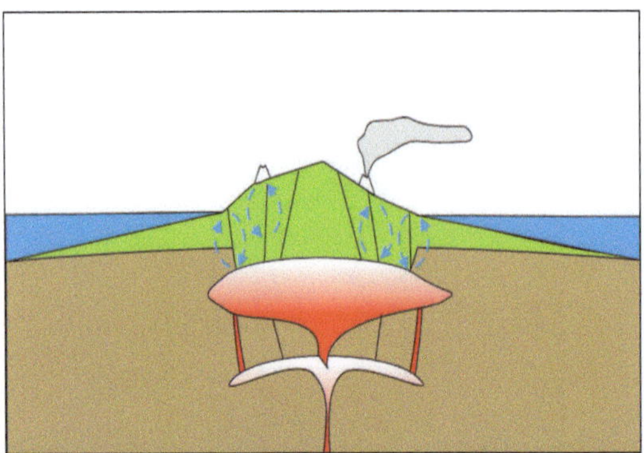

Abbildung 6: Heraushebung des Magmakammerdeckels - Entstehung der Insel Ischia.

nach, so dass in der Folge der Deckel der Magmakammer einstürzte. Die dabei entstandene Vertiefung wird in der Geologie als Caldera bezeichnet. Das ausgeworfene Material füllte die entstandene Senke teilweise wieder auf und zeichnet die Form der ursprünglichen Caldera nach (Abbildung 4).

Diese Vertiefung befand sich damals, vor 55.000 Jahren, an Land, da zu dieser Zeit eine Eiszeit, die Riß-Würm-Kaltzeit, herrschte. Enorme Wassermengen waren in Gletschern gebunden, die bis nach Norddeutschland reichten, was zur Folge hatte, dass der Meeresspiegel in der Region 100 bis 200 m tiefer lag als heute. Erst als die Gletscher schmolzen, stieg der Meeresspiegel wieder an und die Vertiefung wurde überflutet (Abbildung 5).

Zu diesem Zeitpunkt der Erdgeschichte existierte die Insel Ischia noch nicht. Als vor etwa 33.000 Jahren erneut Magma aufstieg, wurde der Deckel der Magmakammer teilweise wieder nach oben geschoben, so dass die darüber liegenden Gesteinsschichten über den Meeresspiegel ragten (Abbildung 6).

Erst jetzt ist eine Insel Ischia entstanden. Die erneute Anhebung ließ den ehemaligen

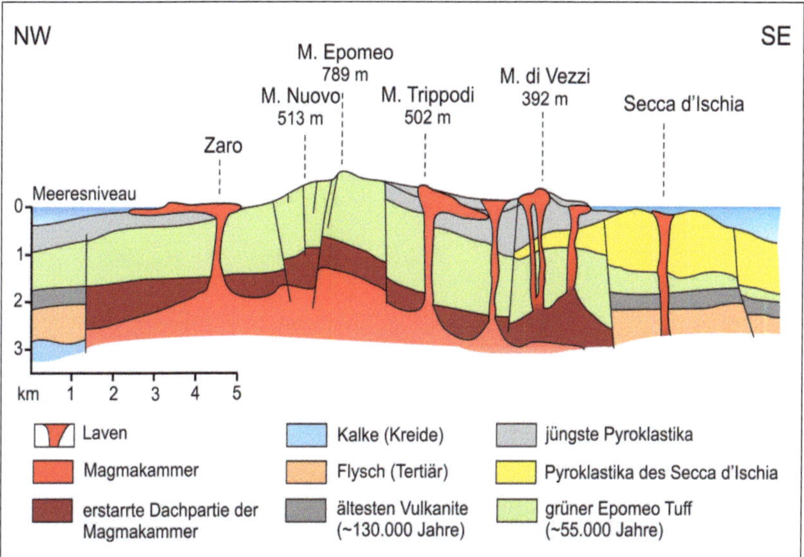

Abbildung 7: Der Profilschnitt durch die Insel Ischia zeigt die unterschiedlich stark herausgehobenen Schollen, die durch verschieden orientierte Bruchlinien voneinander getrennt sind (modifiziert nach Pichler (1970)).

Deckel der Magmakammer in mehrere Schollen auseinanderbrechen, die sich unterschiedlich hoch auftürmten. Die am höchsten gehobene Scholle wird als Horst bezeichnet und bildet den Epomeo-Gipfel mit 789 m (Abbildung 7). Das bedeutet, dass der Epomeo kein Vulkan ist, sondern eine herausgehobene Scholle darstellt, die aus dem zerborstenen Magmakammerdeckel entstand. Allerdings gibt es rings um den Epomeo viele Vulkane, die entlang der Bruchlinien, also den Schollengrenzen, entstanden sind. Diese Bruchlinien spielen eine entscheidende Rolle bei der Entstehung der Thermalwässer auf der Insel Ischia (Abbildung 8).

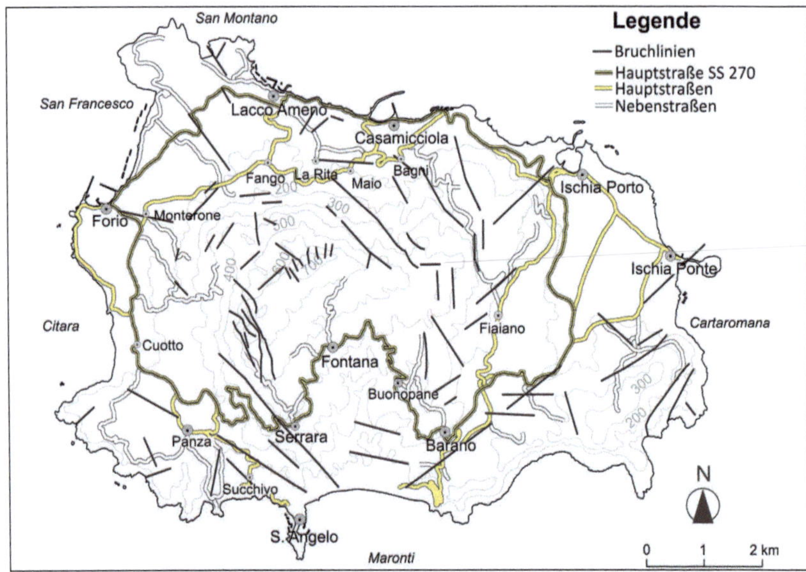

Abbildung 8: Geotektonische Karte der Insel Ischia mit unterschiedlich im Raum orientierten Bruchlinien (modifiziert nach SBRANA, 2011). An diesen Bruchlinien kann einerseits Magma aus dem Erdinneren aufsteigen und neue Vulkane bilden, andererseits kann so Regen- oder Meerwasser ins Erdreich gelangen.

3.1.1 Fumarolen

Unter der Insel Ischia befindet sich in etwa 2,5 km Tiefe eine Magmakammer, die annähernd so groß ist, wie die Insel selbst. Das Magma in der Magmakammer enthält Gase, die an die Oberfläche entweichen. Diese Gase bestehen in erster Linie aus Wasserdampf und CO_2, gelegentlich kann auch Schwefel darin enthalten sein (erkennbar an dem Geruch nach fauligen Eiern). Solche bis zu 100°C heißen Gasaustritte werden als Fumarolen bezeichnet. Auf Ischia kann man die Fumarolen an mehreren Stellen sehen und fühlen, wie zum Beispiel im Süden der Insel am Maronti-Strand nahe St. Angelo oder am Rotaro, dem am besten erhaltenen Vulkan zwischen Ischia Porto und Casamicciola im Norden der Insel.

3.2 Hydrogeologie und Entstehung von Thermalwasser

Das Wort „thermal" kommt aus dem Griechischen (thermos) und bedeutet „warm bzw. heiß". Tatsächlich ist eine Temperatur von mehr als 20°C am Austrittsort die Voraussetzung für die Bezeichnung „Thermalwasser". Sind in einem Wasser mehr als 1.000 mg/l gelöste feste Bestandteile enthalten, so spricht man von einem Mineralwasser. Zu den häufigsten Bestandteilen zählen Natrium, Kalium, Calcium, Eisen, Chlorid, Sulfat und Hydrogenkarbonat.

Aber wie und warum wird das Wasser im Untergrund erwärmt, woher stammt das Wasser überhaupt und wie gelangen die Mineralien in das Wasser? Mit all diesen Fragen beschäftigt sich dieses Kapitel.

Zunächst ein paar Worte zur Herkunft des Wassers. Es gibt drei verschiedene Arten von Grundwässern, die sich teilweise vermischen, so dass eine klare Abgrenzung nicht immer möglich ist (Abbildung 9).

Regenwasser, das am allgemeinen Wasserkreislauf teilnimmt und sehr jung ist, wird als **Bodenwasser** bezeichnet. Wasser, das im Magma enthalten ist, also aus großen Tiefen kommt und zum ersten Mal in den Wasserkreislauf gelangt, definiert man als **juveniles Wasser**. Dagegen spricht man von **fossilem Wasser**, von dem Wasser, das in den Gesteinen vorkommt bzw. bereits vor Tausenden bis Millionen Jahren dort hingelangte.

Die warme bis heiße Temperatur des Thermalwassers kann verschiedene Ursachen haben. Mit der Tiefe der Erdkruste steigt die Temperatur durchschnittlich alle 33 m um 1°C. Diese natürlichen Temperaturunterschiede haben Auswirkungen auf das Regenwasser, das in die Tiefe eindringt. Je tiefer das Niederschlagswasser gelangt, desto stärker wird es aufgeheizt und desto wärmer ist es dann, wenn es wieder an die Erdoberfläche kommt.

Das Wasser kann aber auch durch einen Wärmeherd in

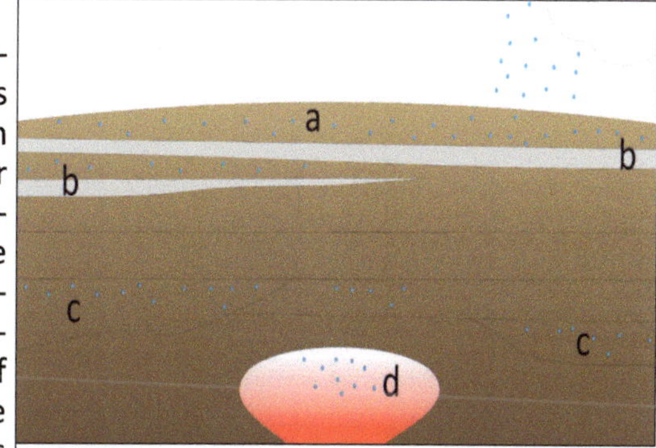

Abbildung 9: Schematische Darstellung der verschiedenen Grundwassertypen: Der oberste Bodenhorizont wird von frischem Regenwasser und Oberflächenwasser gespeist, das sich in lockere Sedimentschichten sammelt und als Bodenwasser (a) bezeichnet wird. Undurchlässige Schichten (b) verhindern einen Wasseraustausch. In den festen, sehr alten Grundgebirgsgesteinen in der Tiefe befindet sich fossiles Wasser (c). Hingegen bildet sich in der Magmakammer frisches juveniles Wasser (d).

der Tiefe, wie zum Beispiel eine Magmakammer im Erdinneren, aufgeheizt werden. Unterhalb der Insel Ischia, in etwa 2,5 km Tiefe, befindet sich noch immer eine Magmakammer, die hauptsächlich für die Entstehung des Thermalwassers der Insel verantwortlich ist. Die Temperatur und die gelösten festen Bestandteile des Thermalwassers werden maßgeblich von dieser Magmakammer bestimmt (Abbildung 10). Das Niederschlagswasser nutzt auf Ischia vor allem Schwachstellen in der Erdkruste wie Risse, Spalten oder Bruchlinien, um in die Tiefe zu sickern. Auf diese Weise gelangt es in die Nähe der Magmakammer. Hier heizt es sich auf und nimmt Minerale und Gase aus dem Magma und Gesteinen auf. Ist das Wasser heiß, dehnt sich sein Volumen aus, und durch seine geringe Dichte steigt es wieder entlang von Klüften und Bruchstellen an die Erdoberfläche auf. Auf dem Weg nach oben löst das Wasser auch noch Salze und andere Mineralien aus den umliegenden Gesteinsschichten und reichert sich noch zusätzlich mit diesen Komponenten an. So bildet sich aus dem ursprünglichen Niederschlagswasser das uns bekannte, mit vielen Mineralstoffen angereicherte und heiße Thermalwasser. Beim Aufstieg kann es durch Druckentlastung zu Siedeprozessen kommen, so dass an manchen Stellen fast nur noch Dampf und Gase austreten. Diese Austrittsstellen werden Fumarolen genannt.

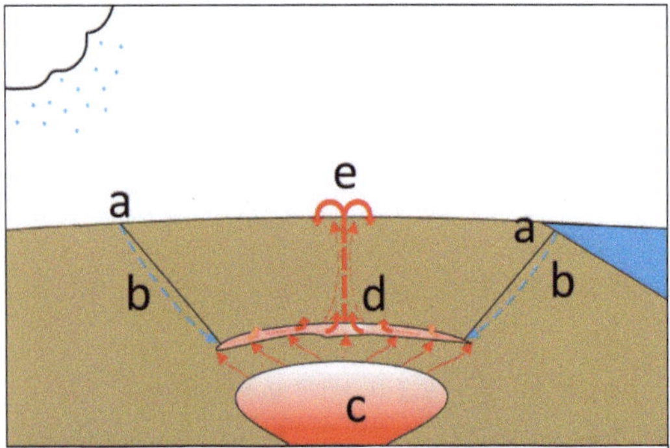

Abbildung 10: Entstehung von Thermalwasser. Regen- bzw. Meerwasser versickert entlang Bruchlinien (a) durch eine durchlässige Zone (b), die den Wasserdurchfluss ermöglicht, ins Erdreich. In der Nähe eines Wärmeherdes (c) wird das Wasser erwärmt. Wenn das Wasser über seinen normalen Siedepunkt erhitzt wird, beginnt das Wasser wieder aufzusteigen (d). An der Erdoberfläche entsteht ein natürlicher Austritt von Thermalwasser: eine Quelle (e). Während des Aufstieges an die Geländeoberfläche findet eine starke Druckentlastung statt und das Thermalwasser beginnt zu sieden.

Doch woher kommt das Salz in den Gesteinen? Um diese Frage zu beantworten, müssen wir einen Blick in die Vergangenheit werfen, in die Zeit, in der die Gesteine entstanden sind. Wie schon in Kapitel 3.1 erklärt, war Ischia nicht immer eine Insel. Erst als vor etwa 33.000 Jahren durch Veränderungen im Erdinneren Magma aufstieg, wurden die darüber liegenden Erdschichten über den Meeresspiegel angehoben und eine Insel entstand. Zuvor gab es an dieser Stelle nur das Meer, auf dessen Boden sich Sand, Ton und Schalen von Meerestieren ablagerten. Die lockeren Sedimente verfestigten sich im Laufe der Zeit zu Gesteinen und schlossen bei diesem Vorgang einen Teil des Meerwassers, mit all seinen Salzen, ein. Neben den Salzen enthalten diese Gesteine auch kalkhaltige Gehäuse von Meeresorganismen, und sowohl die Salze wie auch der Kalk werden nun, tausende Jahre später, vom erwärmten Wasser wieder gelöst und an die Erdoberfläche transportiert.

Da Ischia eine Insel ist, kann auch Meerwasser im küstennahen Bereich entlang von Schwachstellen in die Erdkruste eindringen, in die Nähe der Magmakammer gelangen, sich erwärmen und als salzhaltiges Thermalwasser wieder aufsteigen. Durch die besondere Lage der Insel finden wir auf Ischia Thermalwässer der unterschiedlichsten Zusammensetzung. Hauptsächlich sind sie jedoch mit den folgenden Bestandteilen in verschiedenen Konzentrationen angereichert: Chlorid, Hydrogenkarbonat, Sulfat, Natrium, Calcium, Kalium und in geringen Mengen auch Eisen und Fluor.

3.2.1 Sonderfälle

Während die meisten Thermalwässer der Insel Ischia durch die eben beschriebenen Prozesse entstanden sind, gibt es aber noch einige Sonderfälle, wie die Quellen bei Piazza Bagni, La Rita, Monterone, Cavascura und Nitrodi. Am Nord- und West-Hang des Epomeo kam es im Zuge der Heraushebung der Insel vor 33.000 Jahren zu komplizierten Verstellungen der Schollen und zu Abrutschungen. Dank dieser Prozesse gibt es heute in diesem Gebiet Thermalwasserquellen, die 20-50 m über dem Meeresspiegel liegen. Zudem sind die bei den Verstellungen und Abrutschungen entstandenen Bruchlinien die Ursache für das Auftreten unterschiedlicher Thermalwasserarten auf engem Raum. Die Abbildung 11 zeigt das Prinzip der

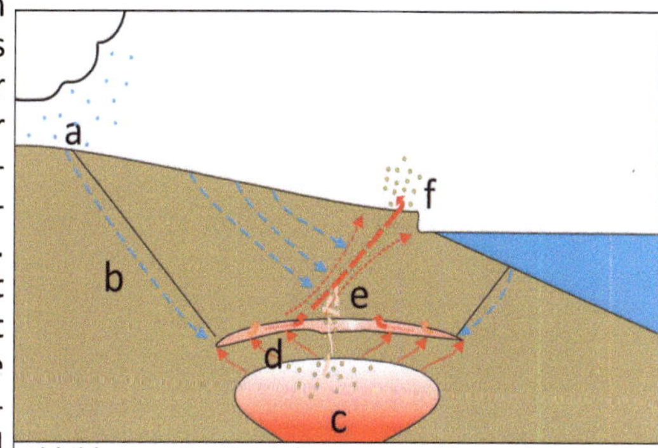

Abbildung 11: Entstehung von Thermalwasser – „Thermosiphon". Das Regenwasser (a) versickert an Bruchstellen und durchfließt die wasserdurchlässige Bodenzone (b). Dabei reichert es sich mit Kohlenstoffdioxid (CO_2) aus der Magmakammer (c) an. Wenn das Wasser über seinen Siedepunkt erhitzt (d) wurde, beginnt es wieder aufzusteigen (e) entlang der Bruchlinien. An der Erdoberfläche entsteht dann ein natürlicher Austritt dieses Thermalwasser und wird als Thermalwasserquelle (f) bezeichnet.

sogenannten „Thermosiphons" (MORET, 1946). Die bis in einige tausend Meter Tiefe reichende Zirkulation des Wassers wird durch eine hydraulische Potentialdifferenz ausgelöst. Tiefreichende Brüche dienen dem Thermalwasser und Kohlensäure der Magmakammer (=juvenile Kohlensäure) als Aufstiegswege. Die Mineral- und Salzanreicherung dieser Bruchstrukturtypen reicht von einigen 100 mg/l bis zu hochkonzentrierten Solen[4] und ist von der Löslichkeit der durchströmten Gesteine abhängig.

Im Gegensatz zu den übrigen Thermalquellen der Insel befindet sich unterhalb der Nitrodi-Quelle eine wasserundurchlässige Schicht. Das bedeutet, dass das in diesem Gebiet einsickernde Niederschlagswasser gar nicht in die Nähe der Magmakammer gelangen kann, um sich zu erwärmen, Minerale und Gase aufzunehmen und als Thermalwasser wieder aufzusteigen. Stattdessen staut sich das Wasser oberhalb der wasserundurchlässigen Schicht und fließt entsprechend dem Gefälle, bis es als Quelle an der Oberfläche austritt (Abbildung 12).

Aufsteigende Gase aus der Magmakammer erwärmen die wasserundurchlässige Schicht und das darüber fließende Wasser, so dass aus dem Grundwasser Thermalwasser wird. Das so erwärmte Wasser löst Minerale aus dem umliegenden Gestein und reichert sich mit diesen an. Auf diese Weise wird hier, ohne dass das Wasser erst zur Magmakammer abgesickert und wieder aufgestiegen wäre, aus Niederschlagswasser Thermalwasser. Im Unterschied zu den übrigen Thermalwässern ist es allerdings mit etwa 27°C deutlich kälter, und enthält insgesamt weniger gelöste feste Bestandteile.

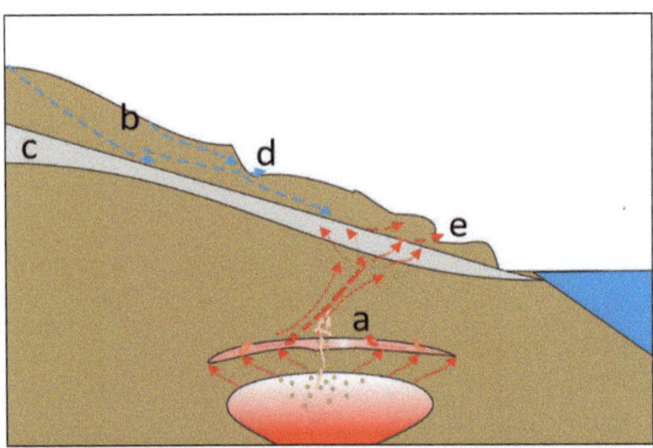

Abbildung 12: Entstehung von Thermalwasser mithilfe von Fumarolen (heiße Gase) als Wärmeherd. In der oberen Bodenzone steigen heiße Gase (a) auf. Bodenwasser fließt (b) im Erdboden und gelangt bis zu einer undurchlässigen Schicht (c). An einer Geländekante kann entweder eine Kaltwasser-Quelle (d) oder im Bereich des Wärmeherdes eine Warmwasser-Quelle (e) entstehen.

[4] Sole bezeichnet Salzwasser mit mind. 14 g gelöster Stoffe (meist NaCl) in 1 kg Wasser.

4 KLASSIFIKATION DER VERSCHIEDENEN THERMAL- UND HEILWÄSSER AUF ISCHIA

Schaut man sich die Thermalwässer der Insel Ischia an, bemerkt man auf den ersten Blick die verschiedenen Farben der Wässer. Es gibt, je nach Zusammensetzung, gelb- bis grünliche, rot- bis bräunliche und schwarze sowie farblose Thermalwässer. Um nicht Äpfel mit Birnen zu vergleichen, ist es daher notwendig, die Thermalwässer zu gruppieren. Dies geschah in den vergangenen Jahrzehnten mehrmals, wobei als Grundlage für die Klassifikation oft unterschiedliche Merkmale genommen wurden, sodass man heute für ein und dasselbe Thermalwasser meist mehrere Namen findet. Doch welche Klassifikationen gibt es eigentlich, welche Merkmale liegen ihnen zugrunde und welche Klassifikationen werden derzeit verwendet?

Schon vor über 5000 Jahren hat man damit begonnen, die Mineral- und Thermalwässer auf der Welt zu erforschen. Doch erst die Veröffentlichung des „Deutschen Bäderbuches" im Jahr 1907 (MICHEL, 1997) veranlasste viele weitere Staaten, ein ähnliches Werk für ihr Land zu erstellen. Die Besonderheit jenes Buches bestand darin, dass erstmals Thermalwässer wissenschaftlich analysiert und ihre chemische Zusammensetzung detailliert in Ionen-Tabellen wiedergegeben wurden. Damit war ein direkter Vergleich der einzelnen Thermalwässer möglich geworden.

Bei den über mehrere Jahrzehnte gesammelten Analysen wurde festgestellt, dass Thermal- bzw. Heilwässer in der Regel weit mehr als 1.000 mg gelöste Feststoffe pro Liter Wasser enthalten (Abbildung 13), während der Gehalt dieser Stoffe im Trinkwasser in der Regel deutlich geringer ist. Dieser Grenzwert hat, genauso wie die damals festgelegte Mindesttemperatur von 20°C, noch heute Bestand. In der Abbildung 13 erkennt man, dass zwischen der gesättigten Lösung [5](a) und dem Bodenkörper[6] (b) ein Gleichgewicht

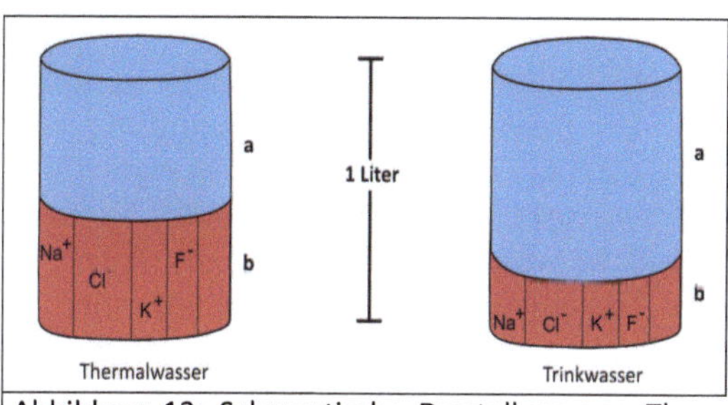

Abbildung 13: Schematische Darstellung von Thermalwasser und Trinkwasser, die unterschiedliche Mengen an gelösten Stoffen enthalten.

---

[5] Gesättigte Lösung bezeichnet eine Lösung, die einen Stoff mit der höchstmöglichen Konzentration gelöst enthält.

[6] Bodenkörper ist der verbleibende Anteil an unlöslichen Substanzen in flüssigen Systemen oder bei übersättigten Lösungen den ausgeschiedenen Anteil.

besteht. Der gelöste Anteil des Bodenkörpers liegt vollständig in Form von freien Ionen vor (Na+, Cl-, K+, F- und weitere).

Auf Grundlage der Analysen war man bestrebt, die Thermalwässer in Gruppen einzuteilen. Daraufhin wurden 1911 die **„Bad Nauheimer Beschlüsse"** publiziert, welche die wissenschaftlichen Grundlagen für Mineral- und Heilquellen beinhalten und eine erste Klassifikation darstellten. Die in den Bad Nauheimer Beschlüssen enthaltenen Definitionen und Klassifikationen wurden im Laufe der Zeit immer wieder dem neuesten Stand der Forschung angepasst. Bei der Überarbeitung wurde auch der Titel geändert. Heute können sie in „Begriffsbestimmungen - Qualitätsstandards für die Prädikatisierung von Kurorten, Erholungsorten und Heilquellen" nachgelesen werden (KLEINSCHMIDT, 2005). Obwohl viele Länder ihre eigenen Klassifikationen herausgeben, gehen doch alle auf die „Bad Nauheimer Beschlüsse" zurück (MICHEL, 1997).

In Europa ist es noch nicht gelungen, zu einer einheitlichen Definition für die Abgrenzung der Begriffe „Heilwasser" und „Mineralwasser" zu kommen. Hier stehen sich zwei Auffassungen gegenüber: die traditionelle „romanische" und die moderne „germanische".

In Deutschland und in Österreich entscheidet der Gesetzgeber zwischen „Heilwasser als Arzneimittel" und „Mineralwasser als Lebensmittel" entsprechend den EU-Richtlinien. In Italien, Frankreich, Spanien und Portugal ist nur das natürliche Mineralwasser gemäß den EU-Richtlinien jeweils national gesetzlich einheitlich geregelt. Hier wird unterschieden zwischen „Mineralwasser" gemäß den EU-Richtlinien und „Thermalismus" d. h. Wasser mit therapeutischer Wirkung.

In Italien sind die regionalen Behörden für die gesetzliche Regelung zur Benennung und Verwendung von Thermalwasser zuständig. Sie erteilen die Bohrgenehmigungen für die Erschließung des Thermalwassers. Durch chemische Analysen wird das Thermalwasser über ein Jahr beobachtet. Auch ein geologisches und ein medizinisches Gutachten werden über die Beschaffenheit und therapeutische Wirkung des Wassers angefertigt. Jedes Jahr wird das Wasser, jeweils am Anfang und am Ende der Badesaison, chemisch untersucht, um Schwankungen in der Zusammensetzung festzustellen. Darüber hinaus wird das Thermalwasser ständig bakteriologisch kontrolliert.

Die Untersuchungen der Thermalwässer erfolgen im Auftrag der Betreiber, die jedes Jahr eine Kopie der aktuellen chemischen und bakteriologischen Analyse bei den Gesundheitsbehörden vorlegen müssen. Die chemischen und bakteriologischen Analysen können von verschiedenen anerkannten Institutionen erstellt werden. Für die Insel Ischia werden sie in der Regel von den Laboratorien der Universitäten in Neapel oder Pisa erstellt. Die bei den Analysen zu untersuchenden chemischen Inhaltsstoffe bzw. Bakterienstämme sind vom Gesetzgeber vorgeschrieben.

Die nachfolgende Zusammenfassung soll einen kurzen Überblick über die gebräuchlichsten Klassifikationen geben.

4.1 Klassifikation nach der Temperatur

Entsprechend ihrer Temperatur am Austrittsort werden die Quellen wie folgt unterteilt (Tabelle 1):

Tabelle 1: Einteilung der Thermalwässer nach der Temperatur.

Bezeichnung	Temperatur
Kalt	weniger als 20°C
Hypothermal	20-30°C
Thermal	30-40°C
Hyperthermal	mehr als 40°C

4.2 Klassifikation nach dem Langelier-Ludwig-Diagramm

Eine in Italien sehr verbreitete Einteilung der Thermalwässer erfolgt durch das Langelier-Ludwig-Diagramm, das nach seinen beiden Entwicklern benannt wurde. Nach dieser Methode werden die Thermalwasseranalysen der Hotels klassifiziert, weshalb wir auf diese Klassifikation eingehen.

Das Langelier-Ludwig-Diagramm bietet eine graphische Lösung der chemischen Zusammensetzung eines Wassers. Für die Auswertung sind dabei die Massenkonzentrationen[7] der folgenden acht Ionen wichtig: Natrium (Na^+), Kalium (K^+), Calcium (Ca^{2+}), Magnesium (Mg^{2+}), Chlorid (Cl^-), Sulfat (SO_4^{2-}), Hydrogenkarbonat (HCO_3^-) und Karbonat (CO_3^{2-}). Diese, im Thermalwasser am häufigsten vorkommenden

---

[7] Massenkonzentration ist eine Gehaltsangabe, welche die Masse eines Stoffes bezogen auf das Volumen eines Stoffgemisches oder einer Lösung angibt.

Ionen werden ins Verhältnis zueinander gesetzt und so klassifiziert. Nach dieser Methode können auf Ischia drei Gruppen von Thermalwässern unterschieden werden:

- **Hydrogenkarbonat-Natrium-Kalium-haltige** (oder Bikarbonat-Alkalische) **Thermalwässer** sind durch einen hohen Natrium- und Kalium-Gehalt, einen geringen Salzgehalt von 3.000 bis 5.000 mg/l Natrium-Chlorid und einen geringen Bor-Gehalt (rund 2 mg/l) gekennzeichnet.

- **Hydrogenkarbonat-Magnesium-Calcium-haltige** (oder Bikarbonat-Erdalkalische) **Thermalwässer** haben einen geringeren Salzgehalt (ca. 1.200 mg/l), was auf einen großen Einfluss von Niederschlagswasser hindeutet. Ebenso ist der Bor-Gehalt mit rund 0,9 mg/l gering sowie die Temperatur niedrig.

- **Chlorid-Sulfat-Natrium-Kalium-haltige** (oder Chlorid-Sulfat-Alkalische) **Thermalwässer** hingegen haben eine sehr unterschiedliche chemische Zusammensetzung. Der Salzgehalt kann bis zu 40.000 mg/l betragen, die Temperatur kann 90°C erreichen. Mit 17 mg/l wurden in diesen Thermalwässern die höchsten Bor-Gehalte ermittelt.

4.3 Klassifikation nach den Nauheimer Beschlüssen

In Deutschland werden die natürlichen Heilwässer sowohl nach ihrer chemischen Zusammensetzung als auch nach ihren physikalischen Eigenschaften charakterisiert. Dabei müssen alle im Folgenden angeführten Mindestwerte direkt am Ort der kurmedizinischen Anwendung messbar sein, da leicht flüchtige Bestandteile, wie Schwefel oder Radon bei der Aufbereitung des Wassers für die medizinische Anwendung verloren gehen können. Die Klassifikation erfolgt im Wesentlichen nach den folgenden Kriterien:

- Als Thermen oder Thermalquellen können alle Wässer bezeichnet werden, deren Temperatur am Austrittsort mehr als 20°C beträgt.

- Alle Wässer, deren Heilwirkung durch ein Gutachten eines balneologischen Instituts nachgewiesen wurde und die mehr als 1.000 mg gelöste feste Bestandteile pro Liter aufweisen, erfüllen die Voraussetzungen für die Bezeichnung Heilwasser. Für die Nomenklatur der Heilwässer werden alle Kationen und Anionen berücksichtigt, deren Anteil mindestens 20 % der Gesamtkonzentration beträgt. Zu den Ionen, die 20 % erreichen, zählen in der Regel Natrium (Na^+), Calcium (Ca^{2+}) und Magnesium (Mg^{2+}) bei den Kationen und Chlorid (Cl^-), Sulfat (SO_4^{2-}) und Hydrogenkarbonat (HCO_3^-) bei den Anionen. Zur Bezeichnung des Wassers werden zuerst die Kationen, dann die Anionen nach ihrem Anteil von mindestens 20 % in absteigender Größenordnung aufgezählt. Der Name des Wassers setzt sich aus den Kationen (Na^+, K^+, Mg^{2+}, Ca^{2+}) und Anionen (Cl^-, SO_4^{2-}, HCO_3^-) zusammen (Abbildung 14).

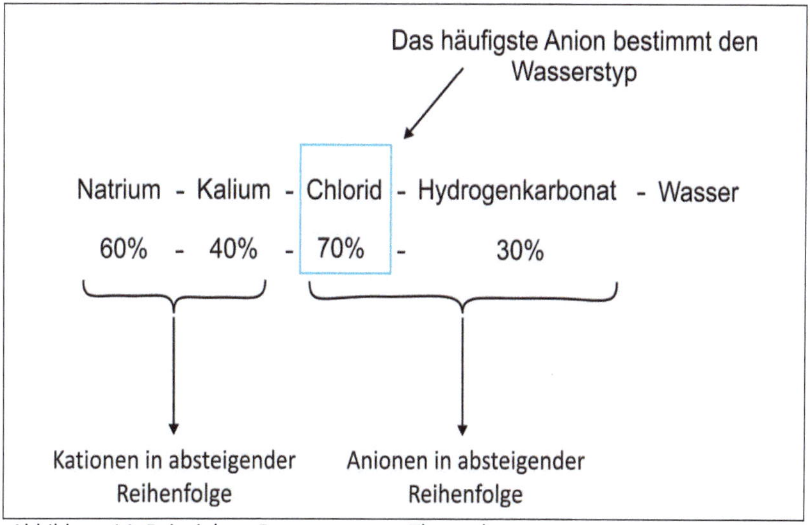

Abbildung 14: Beispiel zur Benennung von Thermalwasser.

Man unterscheidet drei Hauptgruppen: Chlorid-Wasser, Sulfat-Wasser und Hydrogenkarbonat-Wasser, die jeweils in vier Untergruppen untergliedert werden können (Tabelle 2).

Tabelle 2: Haupt- und Untergruppen der Heilwässer nach der deutschen Klassifikation.

Haupt-gruppe:	Chlorid-Wässer	Hydrogenkarbonat-Wässer	Sulfat-Wässer
Unter-gruppen:	Cl-HCO_3-Wasser	HCO_3-Cl-Wasser	SO_4-Cl-Wasser
	Cl-SO_4-Wasser	HCO_3-SO_4-Wasser	SO_4-HCO_3-Wasser
	Cl-HCO_3-SO_4-Wasser	HCO_3-Cl-SO_4-Wasser	SO_4-CL-HCO_3-Wasser
	Cl-SO_4-HCO_3-Wasser	HCO_3-SO_4-Cl-Wasser	SO_4-HCO_3-Cl-Wasser

- Wässer mit besonderen wertbestimmenden Einzelbestandteilen, wie Eisen, Schwefel oder Radon, gelten als Heilwasser, wenn sie folgende Mindestkonzentrationen erreichen (Tabelle 3):

Tabelle 3: Bezeichnung der Thermalwässer nach den Hauptgemengeteilen.

Bezeichnung	Grenzwerte
Eisenhaltig	min. 20 mg/l Fe^{2+}
Fluoridhaltig	min. 1 mg/l F^-
Jodhaltig	min. 1 mg/l I^-
Schwefelhaltig	min. 1 mg/l S (aus Schwefelwasserstoff H_2S)
Sole	min. 5.500 mg/l Na^+ und 8.500 mg/l Cl^-
Säuerling	min. 1.000 mg/l CO_2 für Trinkzwecke min. 500 mg/l CO_2 für Badezwecke
Radonhaltig	min. 666 Bq/l Rn (Bq = Becquerel)

Nach dieser Art der Klassifikation sind auch Kombinationen möglich, da im Gegensatz zum Langelier-Ludwig-Diagramm die Kationen Natrium und Kalium, beziehungsweise Magnesium und Calcium nicht zusammen berechnet werden. Daher ist es möglich bei den Benennungen der Thermalwässer zusätzliche Ionen zu berücksichtigen. So gibt es zum Beispiel auf Ischia fluoridhaltige Chlorid-Wässer oder eisenhaltige Solen.

4.4 Biologische Klassifizierung

Die uns zur Verfügung gestellten Analysen enthalten nur äußerst selten biologische Untersuchungsergebnisse, und diese werden daher bei unseren Auswertungen nicht berücksichtigt. Dennoch wollen wir der Vollständigkeit halber auch diese Klassifikation vorstellen.

Thermalwässer enthalten nicht nur chemische Komponenten, sondern auch verschiedene Organismen wie Algen und Mikroorganismen. Verschiedene Organismenarten benötigen hierbei unterschiedliche Wassertemperaturen zum Leben. Dies veranlasste VOUK im Jahre 1959 die Thermalwässer zum einen nach der Temperatur zu gliedern, zum anderen nach im Thermalwasser vorkommenden Lebensgemeinschaften, da diese in seinen Augen Indikatoren für bestimmte therapeutische Eigenschaften sind (MICHEL, 1997).

Hohe Temperaturen sind für die meisten Organismen tödlich. Die kritische oberste Temperaturgrenze liegt meistens bei 40°C. Für fotosynthetisch aktive, thermophile (wärmeliebende) Pflanzen liegt die kritische Temperatur zwischen 50 und 70°C, einige Cyanobakterien (Blaualgen) ertragen Temperaturen bis 85°C und hyperthermophile Prokaryonten (zelluläre Lebewesen ohne Zellkern) 80 bis 100°C. Die oberste Temperaturgrenze für Leben ist unbekannt. Im Labor liegt sie derzeit für einen Verwandten von Pyrodictium (eine Gattung von Urbakterien) bei 113°C. Die charakteristisch leuchtenden Farben vieler Thermalgebiete beruhen auf den bizarren Thermalvegetationen an den Quellaustritten. Solche Thermalbiotope werden bei schwefelhaltigen Wässern als „Glairine" bezeichnet, die optisch als gelblich-weißer Schleim erscheinen. Zu den Bewohnern von Thermalquellen gehören gewisse niederste Schizophyten (Bakterien und Blaualgen), Algen, heterotrophe Bakterien und einige niedere Tiere als Metabionten (Vielzeller/Mehrzeller). Kieselalgen (Diatomeae) sind vorrangig Kaltwasserbewohner, kommen aber gelegentlich auch in Thermalquellen (bis 50°C) vor, ebenso auch Grünalgen (Chlophyceae), Jochalgen (Conjugatae) und Armleuchtergewächse (Characeae oder Charophyta).

Bis auf Schwämme (Spongia) und Hohltiere (Coelenteratae) werden in den heißen Quellen Vertreter aller Tierstämme gefunden, die sonst auch im Süßwasser leben. Organismen mit höherem Sauerstoffbedarf können sich in der Regel in den Thermen nicht ansiedeln.

Nach den thermalen Lebensbedingungen werden vier Arten von Quellen unterschieden (VOUK, 1959):

- Chliarothermen oder lauwarme Quellen: 18-28°C
- Euthermen oder warme Quellen: 28-44°C
- Akrothermen oder heiße Quellen: 44-65°C
- Hyperthermen oder siedende Quellen: mehr als 65°C

Eine weitere Klassifikationsmöglichkeit ergibt sich aus den Lebensgemeinschaften in den Thermalwässern:

- Blau- (C-) Thermen: Cyanobakterien
- Blau-Kiesel- (D-) Thermen: Cyanobakterien und Kieselalgen
- Blau-Grün- (Ch-) Thermen: Cyanobakterien und Grünalgen bei niedrigen Temperaturen
- Schwefel-Blau- (SC-) Thermen: Cyanobakterien und Schwefelbakterien
- Schwefel- (S-) Thermen: Schwefelbakterien und wenige Cyanobakterien
- Eisen-Blau-(F-) Thermen: Cyanobakterien und Eisenbakterien

4.4.1 Blaue Thermen auf Ischia

PITSCHMANN (1969) untersuchte einige Thermalwässer westlich von St. Angelo auf die im Wasser enthaltenen Algen. Er stellte eine artenarme Algenflora, hauptsächlich bestehend aus Blaualgen (Phormidium valderianum) fest und führte dies auf die jahreszeitlichen Temperaturschwankungen des Wassers sowie den hohen Salzgehalt zurück. Entsprechend der Klassifikation nach VOUK (1959) handelt es sich hierbei also um Blau-Thermen.

4.5 Klassifikation nach der Wasserhärte

Mit dem Begriff Wasserhärte bezeichnet man den Gehalt der im Wasser gelösten Ionen der Erdalkalimetalle im Wesentlichen Calcium und Magnesium, untergeordnet Strontium und Barium. Je höher die Konzentration dieser Ionen, desto härter ist das Wasser. Im Februar 2007 wurde die bis dahin gültige Bezeichnung Grad deutscher Härte (°dH) durch die Konzentrationsangabe Millimol je Liter (mmol $CaCO_3$/Liter) ersetzt und damit an die europäischen Standards angepasst. Dabei entspricht 1 mmol $CaCO_3$/Liter nach der alten Klassifikation 5,6°dH. Nach dieser Definition gilt ein Wasser als weich, wenn maximal 2,5 mmol $CaCO_3$/Liter enthalten sind. Sind es dagegen über 2,5 mmol $CaCO_3$/Liter, ist das als Wasser hart zu bezeichnen (Tabelle 4).

Tabelle 4: Neue und alte Bezeichnungen der Wasserhärte.

Millimol $CaCO_3$ je Liter(mmol/l)	Deutscher Härtegrad (°dH)	Härtebereich
< 1,25	< 7	Sehr weich bis weich
1,25-2,5	7-14	Weich bis mittelhart
2,5 – 3,8	14 - 21	Mittelhart bis hart
< 3,8	< 21	Hart bis sehr hart

Hauptverantwortlich für die Wasserhärte ist die sogenannte Karbonathärte. Diese resultiert aus der Auflösung von karbonatischen Gesteinen durch Kohlensäure unter Bildung von Hydrogenkarbonat (HCO_3^-). Dieses Anion kann erneut als Karbonat (Kalk) ausgefällt werden, weshalb man auch von vorübergehender bzw. temporärer Härte spricht. Eine untergeordnete Rolle spielt die durch Sulfate, Nitrate und Chloride erzeugte, bleibende (Sulfat-) Härte. Die Summe von Karbonat- und Nichtkarbonathärte in einer Wasserprobe wird als Gesamthärte bezeichnet. Welche und wie viele Härtebildner in Lösung gehen, ist vor allem vom geologischen Untergrund abhängig. In Kristallin-Regionen findet man im Allgemeinen weiches Wasser, während in Gebieten mit karbonatführenden Locker- und Festgesteinen in der Regel hartes Wasser vorzufinden ist.

Die Wasserhärte spielt auch bei der Herstellung von Pflegeprodukten eine Rolle. Ein hartes Wasser führt unter anderem dazu, dass sich feine Minerale (Karbonat) beim Waschen der Haare auf deren Oberfläche ablagern und das Haar stumpf erscheinen lassen. Pflegeprodukte, wie Shampoo, sollen dem entgegenwirken und verhindern, das sich Karbonate aus dem Wasser an den Haaren ablagern.

4.6 Klassifikation nach dem pH-Wert

Der pH-Wert ist eine dimensionslose Zahl aus der Chemie und ein Maß für die sauren oder basischen Eigenschaften einer wässrigen Lösung. Reines Wasser bei 22°C ist eine neutrale Lösung und befindet sich auf der von 0 bis 14 reichenden pH-Skala bei 7 (Abbildung 15). Vereinfacht gesagt ist der pH-Wert ein Maß für die in einer Lösung enthaltenen, freien Protonen (Wasserstoff-Ionen). Bei einer hohen Anzahl freier Protonen spricht man von einer Säure, bei einer geringen Konzentration von einer Base oder Lauge. Lösungen, die einen pH-Wert kleiner als 7 haben, werden als Säure bezeichnet. Solche, die einen pH-Wert größer als 7 haben, werden als Basen bezeichnet.

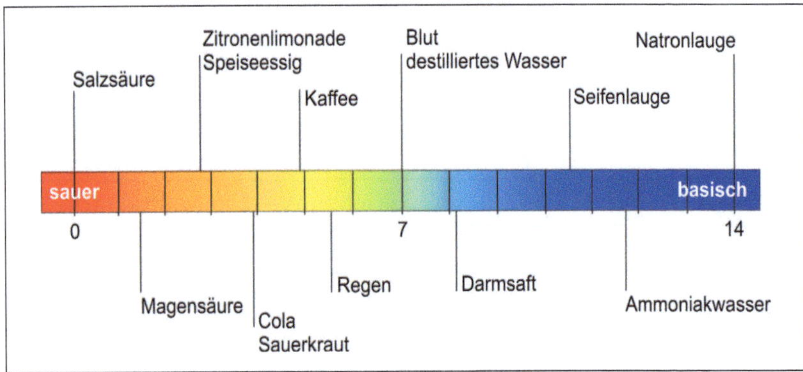

Abbildung 15: pH-Wert Skala mit alltäglichen Bespielen.

5 THERMALWASSER AUF DER INSEL ISCHIA

Nachdem Sie die unterschiedlichen Klassifikationen von Thermalwasser kennengelernt haben, ist es nun an der Zeit, sich die verschiedenen Thermalwässer auf der Insel Ischia genauer anzusehen. Dieses Kapitel beschäftigt sich daher mit den Fragen, welche Arten von Thermalwässern auf Ischia auftreten, welche Merkmale sie haben und wo sie vorkommen.

Auf der Insel Ischia gibt es über 400 Hotels und Badeanlagen, die alle ihre eigenen Bohrungen und somit ihr eigenes, individuelles Thermalwasser haben. Der folgenden Abbildung 16 können Sie einerseits die Verbreitung der Thermalwässer entnehmen, anderseits auch die unterschiedlichen Temperaturen, die die Thermalwässer der natürlichen Austritte (Quellen) und Bohrungen aufweisen.

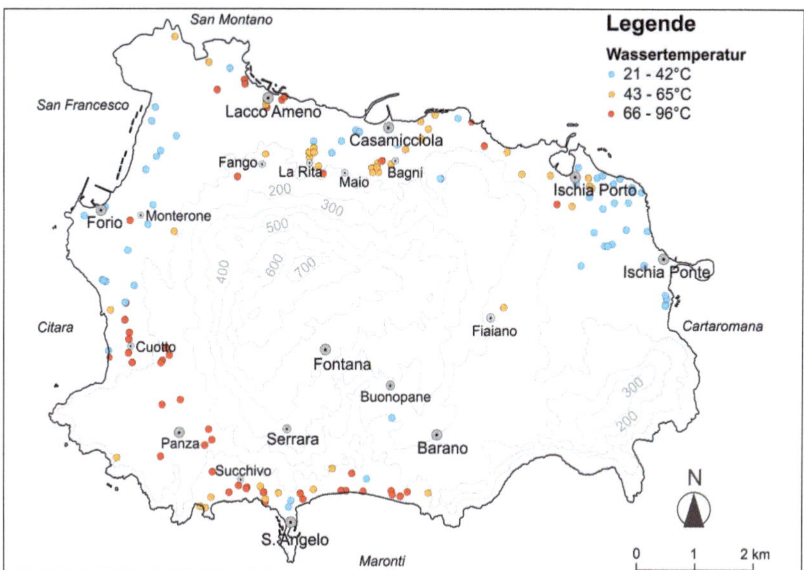

Abbildung 16: Verbreitung der Thermalwässer (Quellen und Bohrungen) auf der Insel Ischia, eingeteilt in verschiedene Temperaturbereiche.

Einmal jährlich werden Proben dieses Thermalwassers von staatlichen Einrichtungen im Hinblick auf die chemische und biologische Zusammensetzung analysiert. Die Analysen, die uns von den Hoteliers freundlicherweise zur Verfügung gestellt wurden, sind unter anderem von der Universität Frederico II in Neapel, der Universität von Pisa und der Universität von Palermo durchgeführt worden und stammen meist aus den Jahren 2008 und 2013. Zusätzlich werteten wir Analysen verschiedener Publikationen von CELICO et al. (1999), DE GENNARO et al.

(1984), INGUAGGIATO et al. (1999), MAZZA (2003) und PANICHI et al. (1992) aus. Insgesamt haben wir etwa 300 Analysen ausgewertet. Besondere Fragestellungen sind durch die Mitwirkung des geologischen Instituts der Universität Bremen unter der Leitung von Herrn Dr. Kay Hamer geklärt worden. Hierfür wurden mehr als 50 Proben aus den Hotelbohrungen, Quellen, Fumarolen, Thermalbecken und Sedimentgesteinen genommen.

Dabei ergaben sich nach der deutschen Klassifikation folgende Thermalwassertypen: **Chlorid-** und **Hydrogenkarbonat-Wasser**. Die geographische Verbreitung dieser Wässer ist in Abbildung 17 dargestellt.

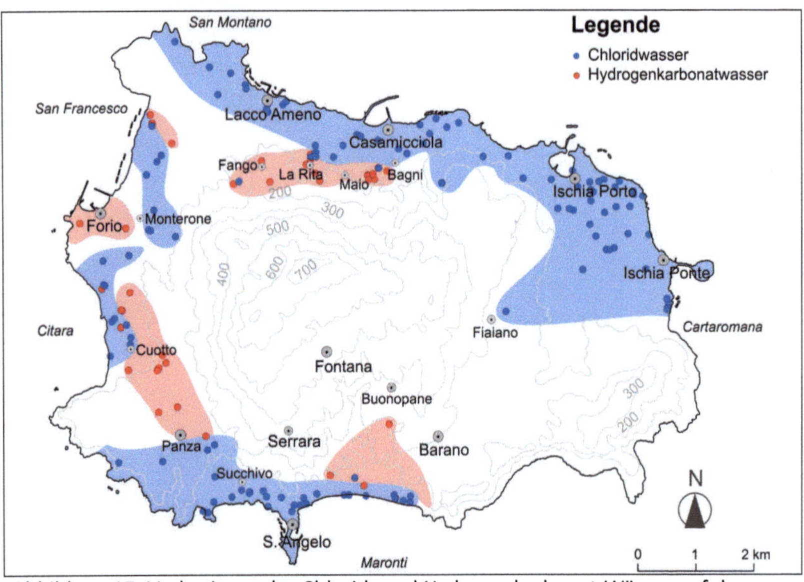

Abbildung 17: Verbreitung der Chlorid- und Hydrogenkarbonat-Wässer auf der Insel Ischia.

Diagramme veranschaulichen auf einfache und übersichtliche Weise die Ergebnisse von Analysen und ermöglichen so einen schnellen Überblick über Merkmale und Besonderheiten. Aus diesem Grund haben wir die Auswertungen im Folgenden grafisch dargestellt.

Generell ist zu beobachten, dass in der Nähe des Meeres die Chlorid-Wässer vorherrschen, da das salzhaltige Meerwasser einen großen Einfluss auf die Thermalwässer hat. Je weiter sich die Quelle oder Bohrung im Landesinneren befindet umso geringer ist der Einfluss des Meerwassers. Hier dominieren die Hydrogenkarbonat-Wässer, die durch das Regenwasser geprägt werden.

Basierend auf der **deutschen Klassifikation der Thermalwässer**, haben wir ein Säulendiagramm für jede Hauptgruppe - Chlorid- und Hydrogen- karbonat-Wasser - angefertigt (Abbildung 18 und 19). Die Diagramme zeigen nur die Hauptionen, die in der Regel zusammen mehr als 95 % aller gelösten festen Bestandteile eines Thermalwassers ausmachen. Dazu zählen die Anionen Chlorid, Hydrogenkarbonat und Sulfat und die Kationen Natrium, Kalium, Calcium und Magnesium.

Von jedem Ion haben wir den Mittelwert der entsprechenden Haupt- gruppe berechnet - diesen können Sie den Diagrammen (Abbildung 18 und 19) entnehmen. Auf diese Weise können Sie die durchschnittliche Zusammensetzung eines Thermalwassers der Chlorid- oder Hydrogen- karbonat-Gruppe direkt ablesen. Thermalwässer, die von dieser durch- schnittlichen Zusammensetzung abweichen, können auf der Grund- lage des Diagramms rasch gefunden werden.

Chlorid-Wässer werden stark von den Ionen Cl^- und Na^+ geprägt. Eine untergeordnete Rolle spielen dabei die Ionen SO_4^{2-}, HCO_3^- sowie Ca^{2+}, K^+ und Mg^{2+}.

Dagegen dominieren bei den Hydrogenkarbonat-Wässern die Ionen HCO_3^- und Na^+, wobei die Anionen Cl^- und SO_4^{2-} auch einen großen Ein- fluss haben.

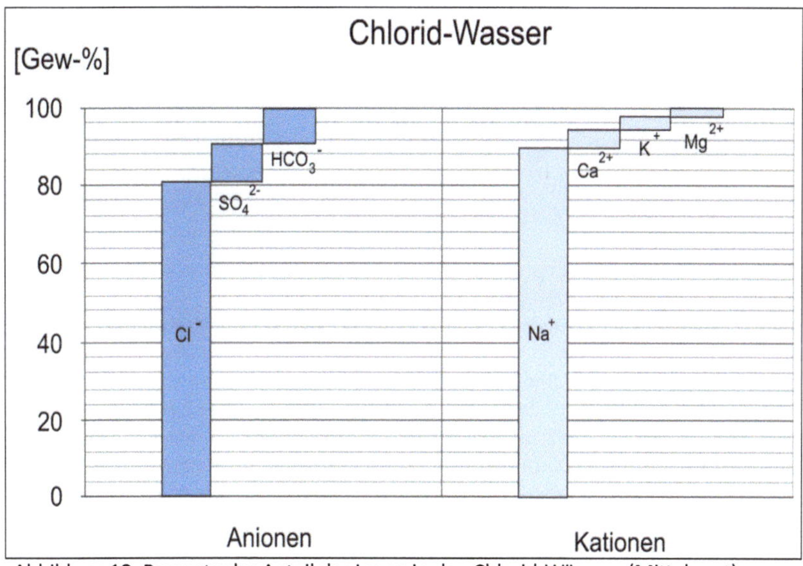

Abbildung 18: Prozentualer Anteil der Ionen in den Chlorid-Wässern (Mittelwert).

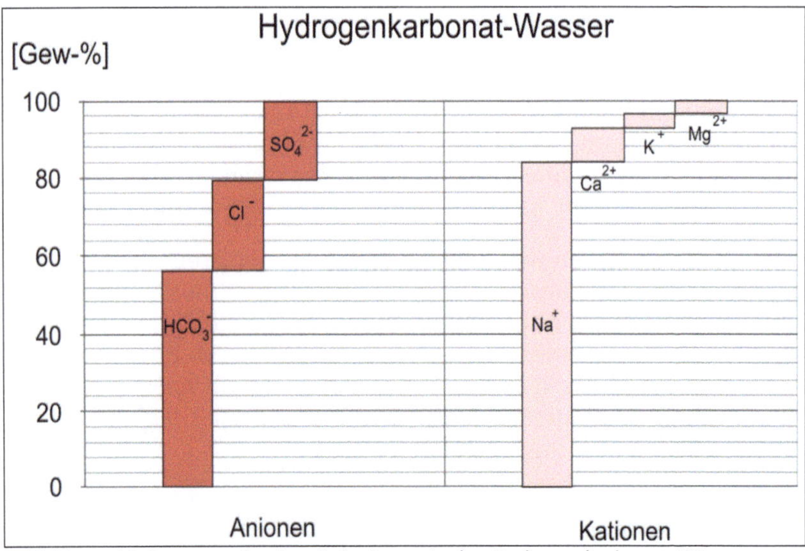

Abbildung 19: Prozentualer Anteil der Ionen in den Hydrogenkarbonat-Wässern (Mittelwert).

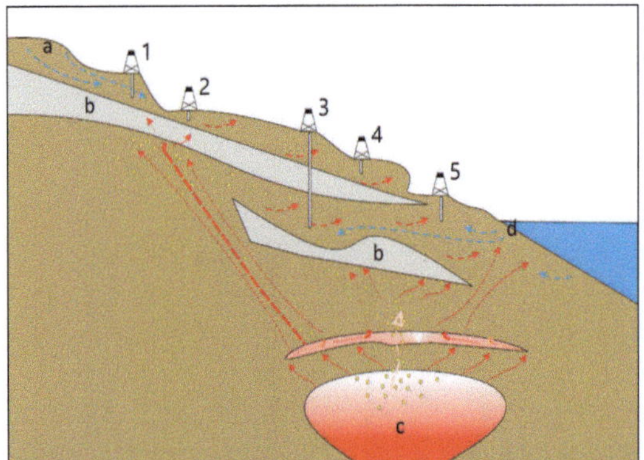

Schwierigkeiten bei der Auswertung entstanden durch fehlende Angaben der Bohrtiefen. Die Hoteliers sind bestrebt, durch Bohrungen Thermalwasser mit der höchstmöglichen Temperatur zu fördern. Dabei können mehrere Wasserhorizonte durchbohrt werden, um das gewünschte Ziel zu erreichen.

Abbildung 20: Schematische Darstellung der Thermalwassertypen, abhängig von der Bohrtiefe und Fließrichtung des Thermalwassers. Regenwasser (a) versickert ins Erdreich und fließt entlang einer wasserundurchlässigen Schicht (b). Wenn man eine Bohrung (1) an dieser Stelle abteuft, gewinnt der Badebetrieb kein Thermalwasser. Wird dieses bodennahe Wasser nun durch eine Wärmequelle (c) erwärmt und mit Mineralien angereichert, trifft man bei einer Bohrung (2) auf Hydrogenkarbonat-Wasser. Handelt es sich nicht nur um Regenwasser, sondern hauptsächlich um Meerwasser (d), welches durch eine Wärmequelle (c) erwärmt wird, würde man bei einer tiefen Bohrung (3) auf Chlorid-Wasser stoßen. Der Badebetrieb mit der Bohrung (4) besitzt dagegen Hydrogenkarbonat, obwohl er sich in einer tieferen Höhenlage befindet als Badebetrieb/Bohrung (3), da die wasserundurchlässige Schicht (b) nicht durchbohrt wurde. Die meisten Badebetriebe, die sich direkt am Meer befinden und eine Bohrung (5) abgeteuft haben, besitzen Sole-Wasser.

In der Regel gilt: je tiefer die Bohrung, desto höher die Temperatur des Thermalwassers. So ist es möglich, dass ein Hotelier sein Thermalwasser aus einem tieferen Wasserhorizont bezieht als der Hotelier im Nachbarhotel (Abbildung 20).

Bei der Auswertung haben wir verschiedene Parameter wie die Temperatur, die elektrische Leitfähigkeit und die Salinität (NaCl-Gehalt) aus den Thermalwasseranalysen der unterschiedlichen Institute berücksichtigt, um Thermalwasser gleicher Horizonte zu vergleichen.

Wir haben auf die Nennung der Hotelnamen verzichtet, da manche Hoteliers uns ihre Daten mit der Bitte um Vertraulichkeit zur Verfügung stellten. Wenn Sie aber die Position „Ihres" Hotels kennen, können Sie aus den verschiedenen Grafiken die Zusammensetzung des Thermalwassers ablesen. Da jedoch die einzelnen Hotels ihr jeweiliges Wasser aus verschiedenen Wasserhorizonten entnehmen, können wir keine Garantie für eine absolute Übereinstimmung von Grafiken und vorhandenem Wasser übernehmen.

Um eine ungefähre Klassifizierung, des in „Ihrem" Hotel gebotenen Wassers in eine der hier vorgestellten Gruppierungen (Chlorid- oder Hydrogenkarbonat-Wasser) zu ermöglichen, gehen Sie bitte wie folgt vor:

Lassen Sie sich die chemische Analyse von den Hoteliers aushändigen, dies wird man in der Regel gern tun, und vergleichen Sie folgende Ionen: Chlorid-, Hydrogenkarbonat- und Sulfat-Ionen.

Es handelt sich um ein **Chlorid-Wasser**, wenn folgende Bedingungen erfüllt sind:

a)   der Anteil an Chlorid-Ionen am größten ist, **oder**

b)   mehr als 2.000 mg/l Chlorid-Ionen enthalten sind, **oder**

c)   weniger als 2.000 mg/l Chlorid-Ionen enthalten sind, aber mindestens halb so viel, wie Hydrogenkarbonat-Ionen **und**

d)   weniger als 2.000 mg/l Chlorid-Ionen enthalten sind, aber mindestens Dreiviertel so viel wie SO4-Ionen.

<u>Ein Beispiel zum Verständnis:</u>

Chlorid-Ionen: 1.000 mg/l
Hydrogenkarbonat-Ionen: 1.500 mg/l
Sulfat-Ionen: 1.200 mg/l

In diesem ausgedachten Beispiel beträgt der Chlorid-Anteil mehr als die Hälfte der Hydrogenkarbonat-Ionen - also mehr als 750 mg/l - und mehr als Dreiviertel - also 900 mg/l - der Sulfat-Ionen. Obwohl mehr Hydrogenkarbonat- und Sulfat-Ionen als Chlorid-Ionen im Wasser enthalten sind, ist dies ein Chlorid-Wasser, da die Bedingungen c) und d) erfüllt werden.

Dagegen haben Sie ein **Hydrogenkarbonat-Wasser** vorliegen, wenn folgende Bedingungen erfüllt sind:

a) mehr als 2.100 mg/l Hydrogenkarbonat-Ionen enthalten sind, **oder**

b) weniger als 2.100 mg/l Hydrogenkarbonat-Ionen, aber mindestens doppelt so viel, wie Chlorid-Ionen enthalten sind, **und**

c) weniger als 2.100 mg/l Hydrogenkarbonat-Ionen, aber der Gehalt mindestens um ein Drittel größer ist, als der Gehalt der Sulfat-Ionen

Ein Beispiel zum Verständnis:

Chlorid-Ionen: 600 mg/l
Hydrogenkarbonat-Ionen: 1.400 mg/l
Sulfat-Ionen: 900 mg/l

In diesem ausgedachten Beispiel ist der Gehalt an Hydrogenkarbonat mehr als doppelt so hoch, wie der Gehalt an Chlorid-Ionen (Bedingung b) und um mehr als ein Drittel größer als der Gehalt an Sulfat-Ionen (Bedingung c), somit werden die Bedingungen b) und c) erfüllt. Aus diesem Grund handelt es sich um ein Hydrogenkarbonat-Wasser.

Wer eine genauere Einteilung vornehmen möchte, kann dafür unser Rechenbeispiel im Anhang zu Hilfe nehmen.

5.1 Chlorid-Wasser

Entsprechend der deutschen Klassifikation gehört der Großteil der Thermalwässer auf der Insel Ischia zu den Chlorid-Wässern. Diese Wässer zeichnen sich, wie schon der Name sagt, durch einen hohen prozentualen Gehalt an Chlorid aus, der zwischen 33 und 99 % liegt und im Durchschnitt 80 % beträgt. Die Hydrogenkarbonat- und Sulfat-Ionen erreichen in diesen Wässern durchschnittlich etwa 9 bis 10 % (Abbildung 21).

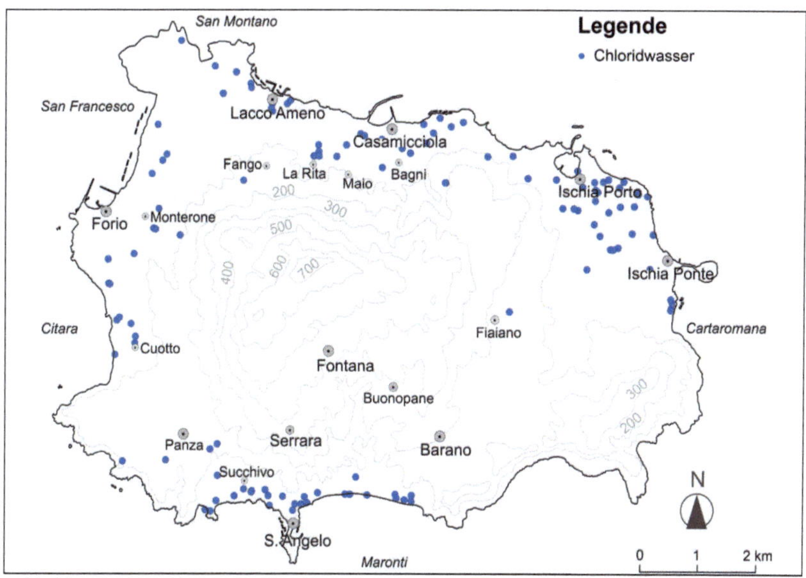

Abbildung 21: Verbreitung der Chlorid-Wässer auf der Insel Ischia.

Alle Chlorid-Wässer findet man in der Nähe der Küsten mit Ausnahme von Forio, wo Hydrogenkarbonat-Wasser sich bis zum Meer ausdehnt, und Ischia Porto und Ponte, hier dominieren Chlorid-Wässer bis weit ins Landesinnere.

Dort, wo der Chlorid-Gehalt deutlich unter dem Durchschnittswert von 80 % liegt, treten die Hydrogenkarbonat- und/oder Sulfat-Ionen weiter in den Vordergrund. Auf diese Weise lassen sich diese Thermalwässer noch weiter unterteilen. Chlorid-Wässer, deren Hydrogenkarbonat- und/oder Sulfat-Gehalt zwischen 20 und 49 % beträgt, werden als Chlorid-Hydrogenkarbonat- bzw. Chlorid-Sulfat-Wässer bezeichnet. Badebetriebe mit solchem Thermalwasser befinden sich in höheren Regionen, z.B. oberhalb vom Maronti-Strand oder oberhalb des Ortes Casamicciola. Für die Bezeichnung der Chlorid-Wässer spielt auch der Gehalt an Kationen eine Rolle. Dabei hat sich gezeigt, dass in allen

Chlorid-Wässern, unabhängig vom prozentualen Anteil an Chlorid-Ionen, der Natrium-Gehalt über 80 % liegt. Das bedeutet, andere Kationen wie Kalium oder Magnesium, sind bei den Chlorid-Wässern unbedeutend. Sie kommen nur zu 2-5 % im Thermalwasser vor. Gleichzeitig ist der Natrium-Chlorid-Gehalt für den Salzgeschmack dieser Wässer verantwortlich. Je höher dieser Gehalt ist, desto stärker ist der Salzgeschmack.

Einige Chlorid-Wässer enthalten zusätzlich besondere Bestandteile wie Eisen oder Fluorid. Als eisenhaltig gelten alle Thermalwässer mit mehr als 20 mg/l Eisen. Fluoridhaltig sind jene Thermalwässer, die mindestens 1 mg/l Fluorid enthalten. Diese Thermalwässer befinden sich bevorzugt in Küstennähe (z.B. in Casamicciola), selten in höheren Lagen. Der Kaliumgehalt kann bis über 500 mg/l ansteigen und 10 % der festen gelösten Bestandteile erreichen. Die Fluorid-Gehalte liegen in der Regel zwischen 2 und 25 mg/l. Bei Proben aus Ischia Porto und aus Lacco Ameno wurden Höchstwerte von 78 mg/l und 122 mg/l gemessen.

Chlorid-Wässer weisen mit durchschnittlich rund 14.500 mg/l auch einen hohen Gesamtgehalt an gelösten festen Bestandteilen auf, den sogenannten TDS-Gehalt (=Total Disolved Solid). Besonders hohe TDS-Gehalte mit etwa 40.000 mg/l findet man in Ischia Porto im Nordosten der Insel und weiter im Nordwesten, im Grenzgebiet zwischen Lacco Ameno und Forio.

Zusammengefasst gibt es auf der Insel Ischia folgende Thermalwassertypen der Chlorid-Wässer-Gruppe:

- Chlorid-Wasser

- Natrium-Chlorid-Wasser

- Eisen-Chlorid-Wasser

- Fluorid-Chlorid-Wasser

- Chlorid-Hydrogenkarbonat-Wasser

- Chlorid-Sulfat-Wasser

5.2 Hydrogenkarbonat-Wasser

Die Abbildung 22 zeigt die Verbreitung der Hydrogenkarbonat-Wässer der Insel Ischia. Die Hydrogenkarbonat-Wässer verstreuen sich vorrangig im Landesinneren, da hier das Regenwasser als Wasserlieferant vorherrscht. Ausnahmen bilden einige Bohrungen der Hotels in Forio Zentrum und San Francesco, die an der Küstenlinie liegen, wo Hydrogenkarbonatwasser-Grundwasserleiter angebohrt worden.

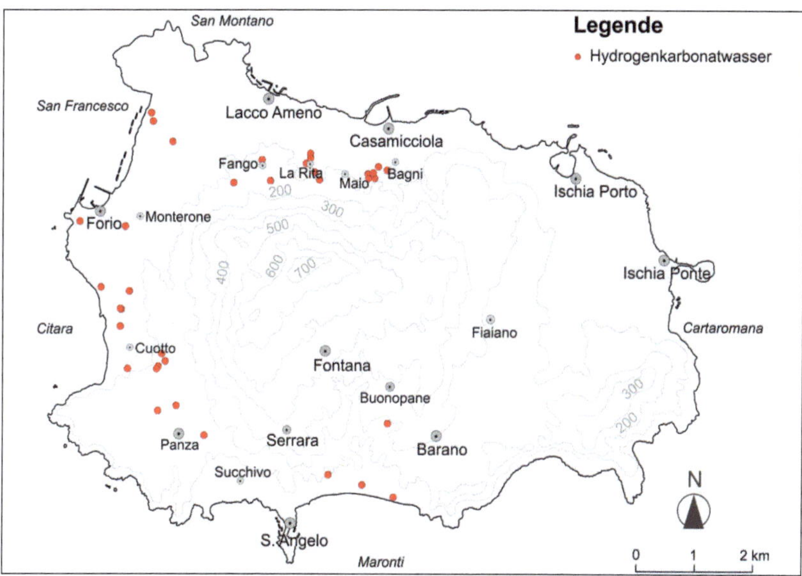

Abbildung 22: Verbreitung der Hydrogenkarbonat-Wässer auf der Insel Ischia.

Bei über 70 Proben überwiegt der prozentuale Anteil von Hydrogenkarbonat, dessen durchschnittlicher Gehalt bei rund 50 % liegt. Der höchste Wert wurde mit rund 80 % oberhalb vom San Francesco-Strand ermittelt. Das Wasser mit den geringsten Hydrogenkarbonat Anteilen (ca. 36 %) ist in Lacco Ameno zu finden. Neben Hydrogenkarbonat sind Chlorid-Ionen mit durchschnittlich 22 % und Sulfat-Ionen mit durchschnittlich 19 % an der Zusammensetzung der Anionen beteiligt.

Ähnlich wie bei den Chlorid-Wässern ist auch der Natrium-Gehalt der Hydrogenkarbonat-Wässer auffallend hoch. Es kommen somit auch Hydrogenkarbonat-Wässer vor, deren Natrium-Gehalt deutlich unter dem Durchschnittswert von 85 % liegt. Bei diesen Thermalwässern tritt neben Natrium vor allem Calcium mit 33-44 % auf. Man findet solche Thermalwässer oberhalb von Forio und im Süden bei der Nitrodi-Quelle. Relativ hoch ist auch der Kalium-Gehalt, der auf über 150 mg/l ansteigen kann, und 8 % des Gehaltes an festen gelösten Bestandteilen erreichen kann.

Einige wenige Hydrogenkarbonat-Wässer gelten als fluoridhaltig, wobei Werte zwischen 5 und 25 mg/l ermittelt wurden. Sie befinden sich oberhalb von Casamicciola und Lacco Ameno.

Der Gehalt an gelösten festen Bestandteilen (TDS-Gehalt) beträgt im Durchschnitt etwa 4.000 mg/l. Deutlich höhere Gehalte ergaben die Analysen von Thermalwässern, die sich in der Nähe der Küste befinden. Auch die Thermalwässer an der Piazza Bagni sind mit bis zu 5.000 mg/l durch einen relativ hohen Gehalt an festen gelösten Bestandteilen gekennzeichnet.

Zusammengefasst gibt es auf der Insel Ischia folgende Thermalwassertypen der Hydrogenkarbonat-Wasser-Gruppe:

- Hydrogenkarbonat-Wasser

- Natrium-Hydrogenkarbonat-Wasser

- Calcium-Hydrogenkarbonat-Wasser

- Kalium-Natrium-Calcium-Hydrogenkarbonat-Wasser

- Fluorid-Hydrogenkarbonat-Wasser

- Hydrogenkarbonat-Chlorid-Wasser

- Hydrogenkarbonat-Sulfat-Wasser

5.3 Solen

Eine besondere Art der Chlorid-Wässer sind die Solen. Zu den Thermal-wasser-Solen gehören alle Wässer, deren Natrium-Gehalt mindestens 5.500 mg/l und deren Chlorid-Gehalt mindestens 8.500 mg/l beträgt.

Die Insel Ischia bietet sowohl Wässer mit niedriger Solekonzentration, z.B. 5.511 mg/l Natrium und 11.746 mg/l Chlorid im Westen (Gebiet des Citara-Strandes) als auch Wässer mit hoher Solekonzentration, z.B. 14.058 mg/l Natrium und 23.855 mg/l Chlorid im Nordwesten der Insel (nahe der San Montano Bucht). Zum Vergleich: Meerwasser enthält durchschnittlich etwa 10.722 mg/l Natrium und 9.337 mg/l Chlorid. Die Thermalwasser-Solen findet man meist in Küstennähe (Abbildung 23).

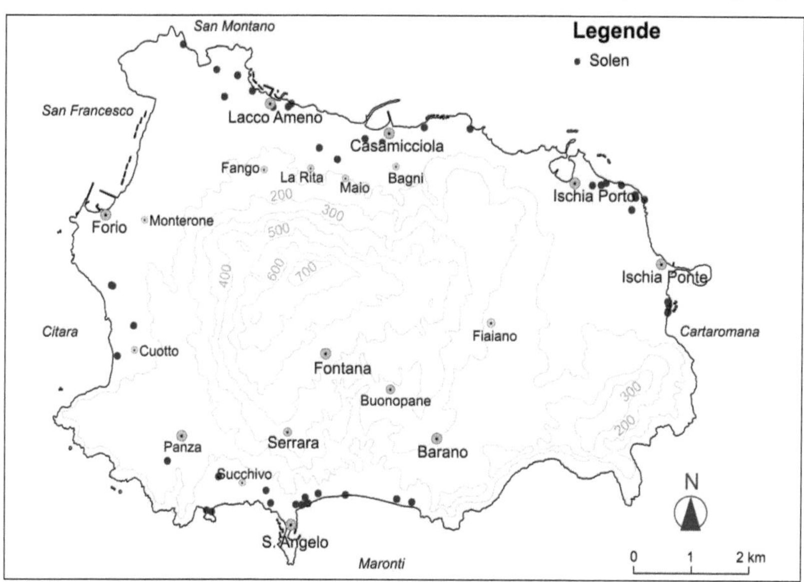

Abbildung 23: Verbreitung der Solen auf der Insel Ischia.

Einige Solen auf der Insel Ischia weisen auch einen erhöhten Fluorid- oder Eisen-Gehalt auf. Fluoridhaltige Solen findet man vorwiegend in Ischia Porto, in Lacco Ameno, in Forio und am Maronti-Strand. Dabei wurden Konzentrationen von 2 mg/l (Lacco Ameno) bis 122 mg/l (Ischia Porto) gemessen.

Die eisenhaltigen Solen sind selten und liegen alle in der Küstenregion der Gemeinde Ischia im Nordosten der Insel, wobei der Eisengehalt zwischen 34 und 56 mg/l schwankt. Solche Thermalwässer sind im un-gefilterten Zustand gut an ihrer rot-braunen, zum Teil auch schwarzen Färbung erkennbar.

Obwohl auch in anderen Regionen (z.B. in Forio) Thermalwässer mit einer durch Eisen hervorgerufenen, deutlichen Braunfärbung vorkommen, ist dort jedoch der Gehalt an Eisen zu niedrig, um diese Thermalwässer nach der deutschen Klassifikation (mind. 20 mg/l) als eisenhaltig zu bezeichnen. Die Braunfärbung der Wässer ist nämlich nicht von der Höhe der Konzentration abhängig, sondern von der sogenannten „Wertigkeit" des Eisens (zweiwertig oder dreiwertig) und vom gleichzeitigen Vorhandensein anderer Bestandteile bzw. gelöster Mineralstoffe im Wasser, die mit Eisen Verbindungen eingegangen sind.

Zusammengefasst gibt es auf der Insel Ischia folgende Thermalwassertypen der Solen-Gruppe:

- Eisenhaltige Solen

- Fluoridhaltige Solen

5.4 Eisenhaltiges Thermalwasser

Unter eisenhaltigen Thermalwässern, versteht man ein Thermalwasser mit mindestens 20 mg/l gelösten, zweiwertigen Eisen ($Fe2+$). Solche Wässer, mit Gehalten zwischen 33 mg/l und 56 mg/l treten vor allem in der Gemeinde Ischia in unmittelbarer Nähe zur Küste auf (Abbildung 24). Drei weitere Vorkommen findet man in Casamicciola, bei St. Angelo bzw. in Panza (Forio).

Diese Thermalwässer sind im ungefilterten Zustand anhand der rot-braunen, zum Teil auch schwarzen Färbung erkennbar (Abbildung 25). Wird allerdings das durch den Luftsauerstoff und die Sonne oxidierte Eisen entfernt, das diese Färbung verursacht, wird das Wasser wieder farblos und ist von anderen Thermalwässern äußerlich nicht mehr zu unterscheiden. Besonders auffällig ist, dass diese Thermalwässer gleichzeitig einen sehr hohen Natrium-Chlorid-Gehalt aufweisen und daher zu den Solen zählen.

Abbildung 24: Verbreitung der eisenhaltigen Thermalwässer auf der Insel Ischia.

Abbildung 25: Eisenhaltiges Thermalwasser verfärbt sich durch Oxidation mit dem Luftsauerstoff rot bis braun und kann sogar schwarz erscheinen. Teilweise werden diese Thermalwässer filtriert, sodass sie farblos erscheinen.

5.5 Fluoridhaltiges Thermalwasser

Die meisten Thermalwässer auf der Insel Ischia enthalten kein Fluorid. Nur wenige enthalten mehr als 1 mg/l und gelten damit nach der deutschen Klassifikation als fluoridhaltig. Diese Thermalwässer befinden sich bevorzugt in Küstennähe, selten in höheren Lagen (wie z.B. oberhalb von Lacco Ameno). Sie weisen meist Konzentrationen zwischen 2 und 25 mg/l, nur in Lacco Ameno und in Ischia Porto gab es je eine Thermalwasserprobe mit 78 bzw. 122 mg/l. Es treten sowohl fluoridhaltige Chlorid-Wässer (zum Teil Solen) als auch fluoridhaltige Hydrogenkarbonat-Wässer auf (Abbildung 26).

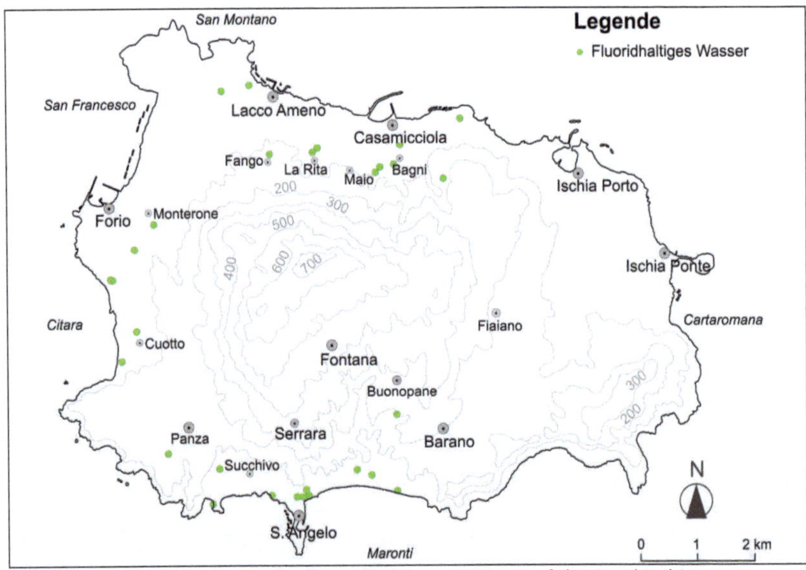

Abbildung 26: Verbreitung der fluoridhaltigen Wässer auf der Insel Ischia.

5.6 Lithiumhaltiges Thermalwasser

Lithium ist ein relativ seltenes Element und im normalen Grundwasser beträgt der Lithium-Gehalt lediglich 0,001 – 0,05 m/l. In den Thermalwässern der Insel Ischia werden Lithiumkonzentrationen bis zu 1,7 % des Gesamtgehaltes an Kationen erreicht. Beispielsweise findet man am Maronti-Strand häufig Lithium-Gehalte über 3,0 mg/l. Die eisenhaltigen Solen von Ischia Porto sind ebenfalls mit Lithium angereichert und erreichen häufig Werte von über 3,0 mg/l. In den Orten Casamicciola und Forio erreichen sowohl die Chlorid-Wässer als auch Hydrogenkarbonat-Wässer jeweils Lithium-Gehalte über 1,0 mg/l auf (Abbildung 27).

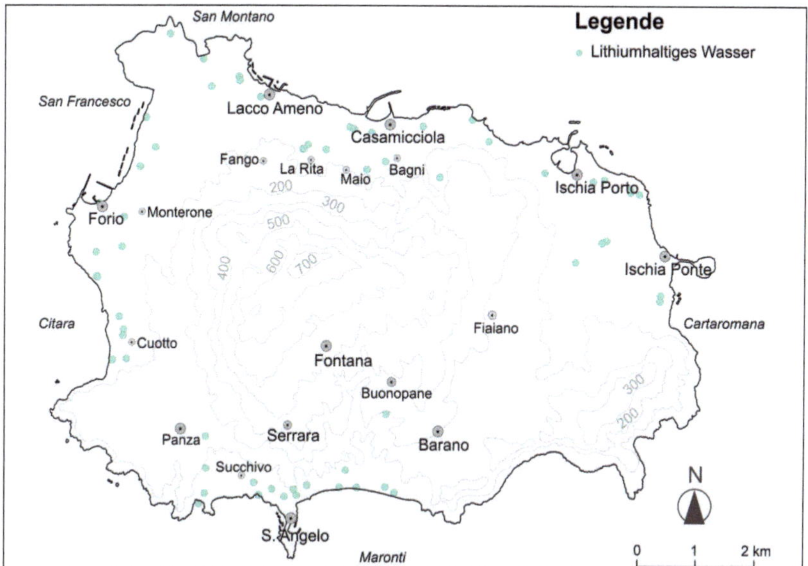

Abbildung 27: Verbreitung der lithiumhaltigen Wässer auf der Insel Ischia.

5.7 Calcium-Magnesium-haltiges Thermalwasser

Calcium-Magnesium-haltige Thermalwässer sind auf der Insel Ischia selten und treten nur in der Gruppe der Hydrogenkarbonat-Wässer auf. Die Vorkommen sind über die gesamte Insel verteilt und sind z.B. in Ischia Porto, in der Gemeinde Barano und vor allem nördlich von Forio zu finden (Abbildung 28). Ihre Calcium-Gehalte reichen von 30 bis max. 45 %.

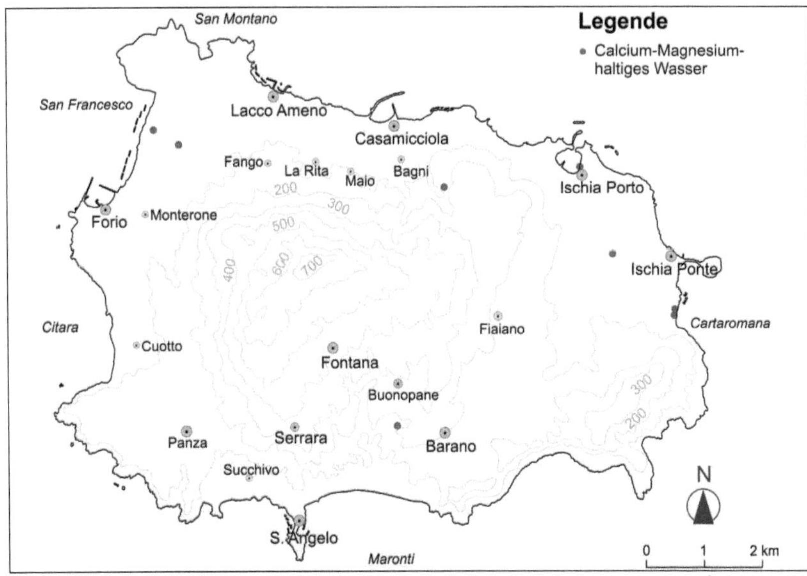

Abbildung 28: Verbreitung der Calcium-Magnesium-haltigen Wässer auf der Insel Ischia.

5.8 Kalium-Natrium-Calcium-Hydrogenkarbonat Wasser

Zu diesen Wässern gehören die Quellen von **Nitrodi** und **Buceto**. Kalium erreicht in der Nitrodi-Quelle mit ca. 22-25 mg/l rund 5 % und in der Buceto-Quelle mit ca. 19 mg/l bis zu 7,5 % des Gesamtgehaltes an Kationen. Der Calciumgehalt liegt in beiden Quellen oberhalb von 30 % des Gesamtgehaltes an Kationen (Nitrodi-Quelle: bis 175 mg/l; Buceto-Quelle: weniger als 85 mg/l). In der Nitrodi-Quelle werden Sulfat-Anteile von über 20 % erreicht, wohingegen die Buceto-Quelle maximal 11 % aufweist.

Da die Temperatur der Buceto-Quelle stets unter 19°C bleibt, kann diese Quelle nach der deutschen Klassifikation nicht als Thermalwasser bezeichnet werden. Das Wasser der Nitrodi-Quelle schwankt zwischen 27 und 29°C und ist somit auch im Sinne der deutschen Klassifikation ein Thermalwasser.

5.9 Schwefelhaltiges Thermalwasser

Das Thermalwasser des Thermalparks am Maronti-Strand besitzt eine smaragdgrüne Farbe, die durch den enthaltenen Schwefel hervorgerufen wird. Dennoch wird dieses nicht den schwefelhaltigen Thermalwässern zugeordnet. Der Grund hierfür liegt in der Art der Verbindungen, die der Schwefel mit anderen Elementen eingehen kann. Der Schwefel kann z.B. in Form von Sulfat (SO_4^{2-}) oder als Schwefelwasserstoff (H_2S) gebunden werden. Nach der deutschen Klassifikation wird jedoch nur der Schwefel aus dem Schwefelwasserstoff (Sulfid S^{2-}) berücksichtigt. Ein schwefelhaltiges Thermalwasser muss daher mindestens 1 mg/l Schwefel aus Schwefelwasserstoff enthalten. Zwar enthalten alle Thermalwässer der Insel Ischia Schwefelverbindungen, diese liegen jedoch meist in Form von Sulfat vor. So werden z.B. 1.300 mg/l Schwefel, in 4.000 mg/l Sulfat gebunden. Dies ist der höchste Gehalt, der im äußersten Nordwesten der Insel ermittelt wurde. Aber auch am Citara-Strand und in Ischia Porto kommen Thermalwässer mit Gehalten von über 800 mg/l gebundenem Schwefel vor. Berechnet man den Mittelwert, erhält man einen durchschnittlichen gebundenen Schwefelgehalt von rund 300 mg/l. Dementsprechend können diese Thermalwässer nach der deutschen Klassifikation nicht als schwefelhaltig bezeichnet werden.

5.10 Radonhaltiges Thermalwasser

Der Radon-Gehalt der Thermalwässer auf Ischia wurde nicht bei jeder Wasserprobe angegeben. Es ist daher schwierig, einen tatsächlichen Überblick über die Verteilung der radonhaltigen Thermalwässer zu bekommen. Dort, wo der Gehalt gemessen wurde, reicht er in der Regel nicht über 250 Bq/l hinaus, was deutlich unter dem Grenzwert von 666 Bq/l liegt. Uns liegen nur zwei Ausnahmen radonhaltiger Thermalwässer vor. Bei der Probe in Casamicciola beträgt der Radon-Gehalt 1.038 Bq/l, und nach einer Studie von 1956 liegt der Radon-Gehalt der Thermalquelle von Santa Restituta in Lacco Ameno bei 37.462 Bq/l (VISINTIN, 1959).

Zum Vergleich: Bekannte radonhaltige Heilquellen in Deutschland sind die Bismarck-Quelle in Oberschlema (Erzgebirge) mit 40.110 Bq/l oder die Wettin-Quelle in Bad Brambach (Vogtland) mit 26.740 Bq/l.

5.11 Saure & alkalische Thermalwässer

In den uns vorliegenden Analysen reicht der pH-Wert der Thermalwässer von 5,5 bis 8,8. Eine graphische Darstellung über die Verbreitung der Thermalwässer und ihrer pH-Werte ist in Abbildung 29 gegeben. Bei 58 % der Analysen handelt es sich um saure Wässer (pH-Wert = 5,5 – 6,99) während nur ca. 37 % der Wässer alkalische sind (pH = 7,01 – 8,8). Bei einem pH-Wert von 7 spricht man von einem neutralen Wasser, was auf ca. 5 % der Analysen zutrifft. Betrachtet man jeweils die untere (5,5 – 6,0) und obere (8,5 – 8,8) Grenze, also die sehr sauren bzw. eher alkalischen Wässer, so kann man regionale Unterschiede feststellen. So findet man vor allem im Bereich Lacco Ameno sehr saure Wässer. Die höchsten pH-Werte (8,5 – 8,8) findet man im Bereich von St. Angelo und in der Gemeinde Casamicciola. Die neutralen Thermalwässer sind über die gesamte Insel verteilt zu finden.

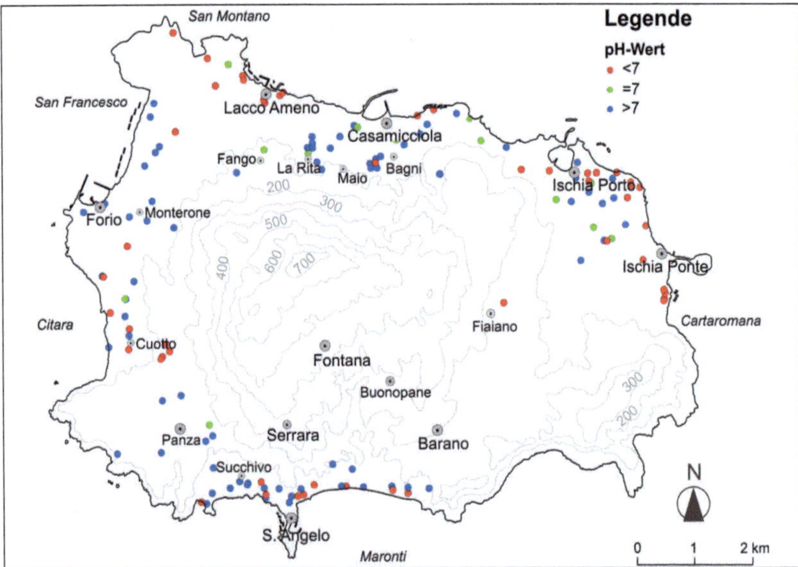

Abbildung 29: Verbreitung der sauren (pH < 7), neutralen (pH = 7) und basischen (pH > 7) Thermalwässer auf der Insel Ischia.

5.12 „Hartes" & „weiches" Thermalwasser

Die Auswertung der uns vorliegenden Analysen zeigt eine große Spannweite der Wasserhärte auf Ischia (Abbildung 30). Dennoch ist erkennbar, dass ein Großteil der Thermalwässer entweder den „sehr harten" oder „sehr weichen" Wässern zuzuordnen ist. Fast 40 % der Analysen ergaben eine Wasserhärte von über 21°dH, während ca. 30 % der Wässer sehr „weich" (0 – 7°dH) sind. Alle dazwischen liegenden Werte kommen auf Ischia ebenfalls vor, doch sie sind weit weniger häufig anzutreffen. In der Region um Ischia Porto und Ponte kommen ausschließlich „harte" Wässer vor, wohingegen in anderen Bereichen der Insel alle Wasserhärten zu finden sind. An der West- und Südküste dominieren die „weichen" Wässer allerdings gegenüber den „harten" Thermalwässern.

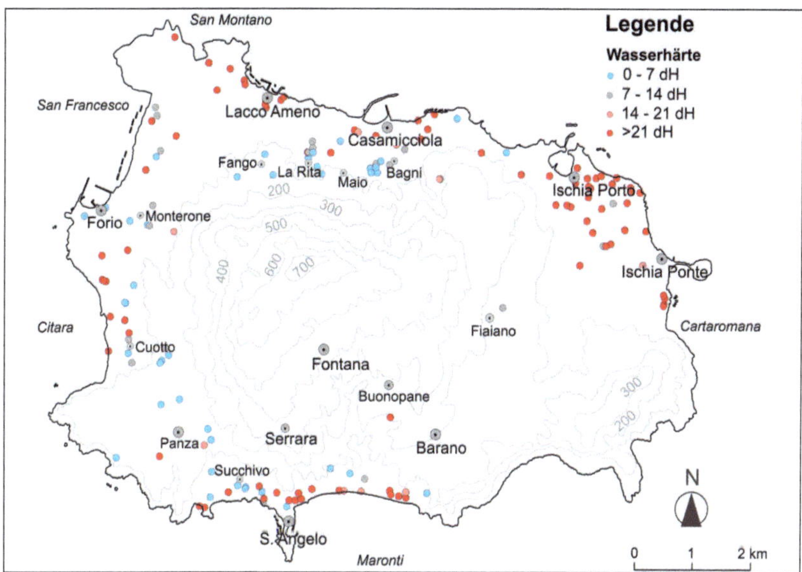

Abbildung 30: Verbreitung der weichen bis harten Thermalwässer auf der Insel Ischia.

6 AUSWERTUNG DER THERMALWASSERPROBEN NACH GEMEINDEZUGEHÖRIGKEIT

In zahlreichen Reiseführern wird dem Leser die Insel Ischia anhand der einzelnen Gemeinden vorgestellt. Die Zusammensetzung der Thermalwässer innerhalb einer Gemeinde ist jedoch nicht identisch, sondern wird maßgeblich von dem Einzugsgebiet und der Fließrichtung der Wässer beeinflusst. Dennoch möchten wir ihnen hier einen kurzen Überblick über die verschiedenen Thermalwässer der jeweiligen Gemeinden geben.

6.1 Ischia

In Ischia treten in erster Linie Natrium-Chlorid-Wässer auf. Bei den küstennahen Chlorid-Wässern handelt es sich dabei meist um Solen. Die eisenhaltigen Thermalwässer der Insel befinden sich fast ausschließlich in dieser Gemeinde. Diese befinden sich nicht nur in unmittelbarer Küstennähe sondern auch unterhalb des jüngsten Lavastroms der Insel, dem Arso, im Gebiet der Cartaromana Bucht wurde mit 55 mg/l Eisen sogar der höchste Wert ermittelt. Hier dominieren ausschließlich „harte" Wässer mit einer Wasserhärte von über 21°dH.

6.2 Casamicciola Terme

In Casamicciola gibt es Thermalwässer aus beiden Hauptgruppen. Die Natrium-Chlorid-Wässer, davon zwei Solen im östlichen Teil, befinden sich in der Regel in der Nähe der Küste, während die Hydrogenkarbonat-Wässer weiter im Landesinneren zu finden sind. Aber sowohl an der Piazza Bagni, oberhalb des Hafens von Casamicciola, als auch zwischen Maio und Fango, gibt es Mischungen der beiden Thermalwasser-Typen. Die Natrium-Chlorid-Wässer zeichnen sich jedoch durch einen geringeren Chlorid-Gehalt im Vergleich zu den reinen Chlorid-Wässern in Küstennähe aus. Dafür ist der prozentuale Anteil der Sulfat-Konzentrationen bei den Thermalwässern im Landesinneren höher. Die wenigen fluoridhaltigen Thermalwässer in Casamicciola kommen sowohl in Küstennähe als auch weiter im Landesinneren vor. Hier dominieren die alkalischen Wässer mit den höchsten pH-Werten (8,5 – 8,8).

6.3 Lacco Ameno

Die küstennahen Badebetriebe zeichnen sich durch Thermalwässer der Natrium-Chlorid-Gruppe aus. Bei vielen handelt es sich dabei um Solen, von denen eine mit 78 mg/l sogar einen hohen Fluoridgehalt aufweist. Im Zentrum von Lacco Ameno, im Thermalwasser der Santa Restituta, wurde in den 50er Jahren eine sehr hohe Radonkonzentration nachgewiesen. In küstenfernen, höher gelegenen Badebetrieben sinkt der prozentuale Anteil der Chlorid-Ionen im Thermalwasser bis auf etwa 25 % und reichert sich an Hydrogenkarbonat- und Sulfat-Ionen an. Diese Thermalwässer können der Natrium-Hydrogenkarbonat-Sulfat-Chlorid- Gruppe zugeordnet werden. Einer dieser Badebetriebe bietet mit 25 mg/l auch fluoridhaltiges Wasser. Hier dominieren die sauren Wässer mit den höchsten pH-Werten (5,5 – 7,0).

6.4 Forio

Die Thermalwässer von Forio gehören größtenteils zur Gruppe der Natrium-Chlorid-Wässer. In höher gelegenen Badebetrieben steigt der prozentuale Anteil an Hydrogenkarbonat und Sulfat, sodass dort vermehrt Hydrogenkarbonat-Wässer auftreten. Einige der küstennahen Thermalwässer sind Solen und in geringerer Anzahl findet man auch fluoridhaltige Natrium-Chlorid-Wässer. Hier haben wir überwiegend „weiche Wässer".

6.5 Serrara-Fontana

Die Badebetriebe in Serrara Fontana befinden sich alle in Succhivo und St. Angelo im Süden der Insel. Es handelt sich ausschließlich um Thermalwässer der Natrium-Chlorid-Gruppe. In den küstennahen Badebetrieben treten fluoridhaltige Solen auf. Hier kommen sowohl alkalische Wässer als auch „weiche Wässer" nebeneinander vor.

6.6 Barano

Die Thermalwässer der Badebetriebe am Maronti-Strand gehören alle zur Gruppe der Natrium-Chlorid-Wässer, von denen drei Thermalwässer ebenfalls Solen sind. Eine Ausnahme bildet ein Badebetrieb im Gebiet der Ol-mitello-Bucht. Dort tritt ein Natrium-Hydrogenkarbonat-Sulfat-Wasser auf.

Die Thermalwässer oberhalb des Maronti-Strandes gehören zur Gruppe der Natrium-Hydrogenkarbonat-Wässer. Das Thermalwasser der Nitrodi-Quelle weist zudem einen geringen Fluoridanteil auf. Weiter landeinwärts, in Fiaiano, befindet sich ein Badebetrieb mit Thermalwasser der Natrium-Chlorid-Gruppe.

7 BADEBETRIEBE

Auf der Insel Ischia gibt es zahlreiche Möglichkeiten das Thermalwasser zu genießen. Neben den Thermalbädern in den Hotels gibt es auch die Möglichkeit Thermalwasserquellen oder Thermalparks zu besuchen, die in der Regel auch medizinische und kosmetische Behandlungen anbieten. Die folgende Abbildung 31 zeigt eine Übersicht über die geographische Lage der Thermalparks und -quellen auf Ischia.

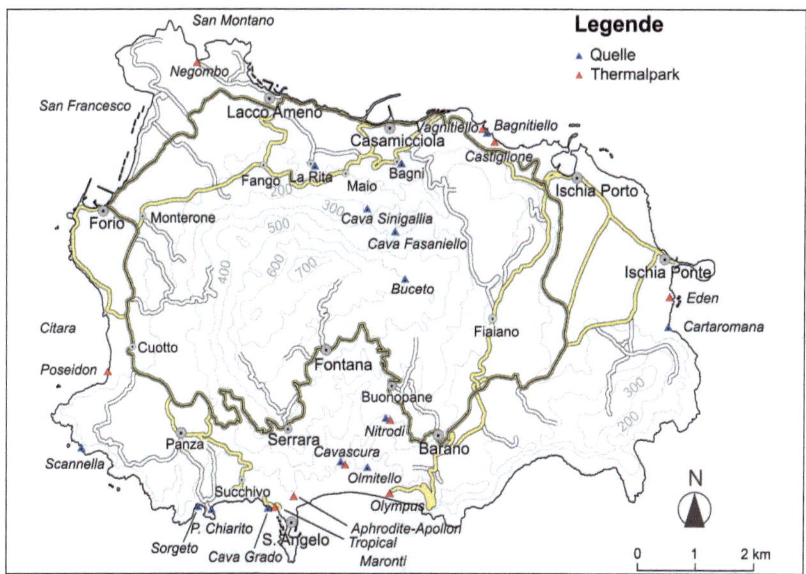

Abbildung 31: Verbreitung der Thermalparks und-quellen auf der Insel Ischia.

7.1 Thermalwasserquellen

Heute sind die meisten Quellen eingefasst, nur wenige besitzen einen natürlichen Austritt. An mehreren Stellen tritt Thermalwasser dennoch direkt an die Oberfläche. Diese Thermalwasserquellen befinden sich meist in Privatbesitz, zum Beispiel im Bereich Piazza Bagni, La Rita, Monterone und Cavascura. Dort nutzen die Badebetriebe das Thermalwasser, das direkt in den Kellergewölben oder Naturgrotten ausfließt. Solche Badebetriebe können auch besichtigt werden und bieten dem Besucher meist die Möglichkeit, die Quelle mit dem hervorsprudelnden Thermalwasser anzuschauen.

An zwei Stellen in Piazza Bagni, außerhalb von Badebetrieben, ist es möglich das Thermalwasser „life" beim Austritt aus dem Untergrund zu beobachten. Sie finden diese Plätze bei der **Cava Fasaniello** und **Cava Sinigallia** (Abbildung 31).

Die **Nitrodi-Quelle** in Barano ist besonders wegen ihrer verjüngenden Qualitäten bekannt (Abbildung 32). Laut chemischer Analyse handelt es sich um ein Natrium-Calcium-Hydrogenkarbonat-Sulfat-Wasser. In diesem Badebetrieb ist es nicht möglich ein komplettes Bad zu nehmen. Da das Wasser vor Allem für die Behandlung von Hautkrankheiten verwendet wird, gibt es hier ausschließlich Duschen. Weitere Indikationen des Wassers sind unter anderem Leber- und Gallenleiden. Das Thermalwasser der Nitrodi-Quelle in Barano verdankt seine Entstehung unterirdisch aufsteigenden, heißen Gasen (siehe hierzu das Kapitel 3.2.1 „Sonderfälle").

Abbildung 32: Das Wasser der Nitrodi-Quelle wird nur über Duschen angewendet. Es eignet sich besonders gut für die Hautpflege. Der Thermalpark verzichtet auf Schwimmbecken um eine Übertragung von Hautkrankheiten zu verhindern.

An manchen Stellen der Insel fließen Thermalwasserquellen direkt ins Meer hinein und erwärmen dort das Meerwasser auf „Badewannentemperatur".

Besuchenswerte Beispiele hierfür sind:

- die **Sorgeto-Bucht** (Abbildung 33): hier tritt Thermalwasser mit einer Temperatur von 75°C an die Oberfläche und erwärmt das Meerwasser.

- die **Cartaromana-Bucht** hier erreicht das Thermalwasser zwar „nur" 30°C, bringt aber sehr viel Kohlensäure mit an die Oberfläche und „sprudelt" (Abbildung 34). Dieses Thermalwasser ist in seiner Zusammensetzung den Meerwasserproben sehr ähnlich (Na 10.700 mg/l und Cl 20.800 mg/l; Meerwasser zum Vergleich: Na 12.000mg/l und Cl 22.000 mg/l)

Abbildung 33: Blick hinab in die Sorgeto-Bucht, wo das Thermalwasser am Ufer entspringt, und sich sofort mit frischen Meerwasser vermischt.

Abbildung 34: Bei der Cartaromana-Bucht kann man aufsteigende Gase (CO_2) im warmen Thermalwasser beobachten.

Diese zwei Thermalwasser-Quellen sind auf dem Landweg erreichbar, andere im Küstenbereich austretende Thermalquellen erreicht man nur vom Meer aus. Über den Wasserweg erreichbare Quellen finden Sie in Casamicciola (am Bagnitiello und Castiglione), in Forio (an der Scannella) und in Serrara (bei Cava Grado) (Abbildung 31).

7.2 Thermalparks

In diesem Kapitel erfahren Sie, was ein Thermalpark ist und worin die Unterschiede der Thermalparks auf der Insel bestehen.

Der Begriff Thermalpark bezeichnet eine Gartenanlage, in der sich mehrere Becken mit unterschiedlich temperiertem Thermalwasser befinden. Zwar liegt die Austrittstemperatur der Thermalwasserquellen auf dem Parkgelände zwischen 21 und 99°C, doch wird die Temperatur in den Becken über einen Thermostat auf den gewünschten Bereich, zwischen 28 und 40°C geregelt. Zusätzlich werden meist medizinische Rehabilitationsbehandlungen und Massagen sowie Wellness- und Beautyprogramme angeboten. Dampfgrotten, Fangoanwendungen, Kneipp- und Wassertretbecken, Restaurants, Kinderzone, Wassergymnastik, oft auch ein eigener Strand und vieles mehr bieten ein „Rund-um-Programm" sowohl für eine regelrechte Badekur oder einfach für einen anregenden und erholsamen Badetag.

Wer einen Thermalpark besuchen möchte, hat die Qual der Wahl. In den letzten Jahren und Jahrzehnten haben sich gleich zehn verschiedene Thermalparks, verteilt über die gesamte Insel Ischia, etabliert (Tabelle 5).

Tabelle 5: Übersicht der Thermalparks auf Ischia mit Klassifikation des Thermalwassertyps.

Thermalpark	Ort/Gemeinde	Thermalwassertyp
Fonte delle Ninfe Nitrodi	Buonopane Barano	fluorid-lithiumhaltiges Natrium-Calcium-Hydrogenkarbonat- Wasser
Idroterme Olympus	Maronti Barano	fluoridhaltige Sole
Parco Termale Castiglione	Casamicciola	lithiumhaltiges Natrium-Chlorid-Wasser
Parco Idroterapico 'O Vagnitiello	Casamicciola	lithiumhaltige Sole
Giardini Poseidon Terme	Citara Forio	fluorid-lithiumhaltige Solen
Giardino Eden	Ischia Porto/Ponte	Solewasser
Negombo Thermalpark	Lacco Ameno	lithiumhaltiges Natrium-Chlorid-Sulfat-Wasser
Giardini Termali Aphrodite-Apollon	St. Angelo Serrara-Fontana	fluorid-lithiumhaltige Solen
Terme Cavascura Antiche Terme Romane	St. Angelo Serrara-Fontana	fluoridhaltiges Natrium-Chlorid-Hydrogenkarbonat-Wasser
Parco Termale Tropical	St. Angelo Serrara-Fontana	fluorid-lithiumhaltiges Natrium-Chlorid Wasser

Alle Thermalparks befinden sich in Küstennähe, wo das Meerwasser einen großen Einfluss bei der Bildung der Thermalwässer hat. Dementsprechend gehören die Thermalwässer aller Thermalparks, mit Ausnahme der Nitrodi- und Cavascura-Quellen zur Gruppe der **Natrium-Chlorid-Wässer**. Dennoch unterscheiden sich die Thermalwässer in den Parks. Mit drei Ausnahmen haben alle Thermalwässer der Parks einen Chlorid-Gehalt von über 80 %. In der Cavascura (Abbildung 35) beträgt dieser jedoch nur rund 60 %, dafür treten die Hydrogen-karbonat- und Sulfat-Ionen mit jeweils knapp 20 % weiter in den Vordergrund. Hier, in der Cavascura, ist der Natrium-Gehalt mit 96 % höher als in den übrigen Thermalwässern, bei denen 80 bis 90 % aller Kationen Natrium-Ionen sind.

Abbildung 35: Thermalpark Cavascura, wo man noch wie zu Römerzeiten badet.

Die zweite Ausnahme ist der Thermalpark Negombo mit seinem Natrium-Chlorid-Sulfat-Wasser. Auch hier ist der Chlorid-Gehalt deutlich geringer, wohingegen der Sulfat-Anteil gegenüber anderen Wässern deutlich höher liegt (ca. 40 %).

Das Wasser der Nitrodi-Quelle setzt sich hauptsächlich aus Ionen von Natrium, Calcium, Hydrogenkarbonat und Sulfat zusammen. Wie schon erwähnt, stehen in diesem Park lediglich Thermalduschen zur Verfügung. Da dieses Wasser allerdings nur sehr geringe Konzentrationen an Natrium und Chlorid aufweist, eignet es sich im Gegensatz zu den meisten anderen Wässern auch gut für die Anwendung als Trinkkur.

Besonders hohe Natrium-Chlorid-Gehalte, und damit zu den Solen zählend, besitzen die Thermalwässer in den Thermalparks Eden, Poseidon (Abbildung 36), Olympus (Abbildung 37) und Aphrodite-Apollon. Hier liegen die Chlorid-Konzentration zwischen 12.500 - 16.700 mg/l und die Natrium-Konzentration zwischen 7.200 - 10.000 mg/l.

Abbildung 36: Thermalpark Giardini Poseidon Terme, der größte der Thermalparks der Insel Ischia mit über 20 Schwimmbecken, Strandabschnitt, Restaurants, Boutique, Kneipp-Bädern, Kurabteilung, Beauty- und Wellness-Center.

Abbildung 37: Thermalpark Idroterme Olympus mit seinem besonders schmaragdgrünen Thermalwasser. Die Grünfärbung resultiert von dem gelösten Schwefel im Wasser.

In den Thermalparks Aphrodite-Apollon, Tropical, Poseidon, 'O Vagnitiello und Castiglione gibt es lokale Unterschiede in der Zusammensetzung der Thermalwässer. In diesen fünf Thermalparks schwanken die Natrium- und Chlorid-Gehalte zum Teil sehr deutlich. So wurden im Thermalpark Poseidon, je nach Bohrung, Chlorid-Gehalte zwischen 2.500 und 20.500 mg/l und Natrium-Gehalte von 4.300 bis 11.200 mg/l ermittelt.

Ähnlich große Unterschiede treten in den anderen drei Thermalparks (Eden, Negombo, Cavascura) auf. Das bedeutet, einige dieser Bohrungen fördern Solen an die Oberfläche, andere nur Natrium-Chlorid-Wasser. In einigen Analysen der Thermalparks Olympus, Poseidon, Tropical, Nitrodi, Cavascura und Aphrodite-Apollon wurde Fluorid nachgewiesen, wobei im Thermalpark Poseidon die mit Abstand höchsten Werte (max. 14,2 mg/l) ermittelt wurden. Ein großer Teil der Wässer in den Thermalparks zeigt außerdem erhöhte Lithium-Werte.

8 ANWENDUNGSFORMEN UND WIRKUNGSWEISE VON THERMALWASSER UND GASEN

Die jahrhundertelange Erfahrung weist die Thermalquellen Ischias als außerordentlich heilkräftig aus. Worin besteht nun aber die Wirkung dieser Wässer auf den menschlichen Organismus?

Das Thermalwasser ist ein komplexes Heilmedium, in dem die einzelnen chemischen, physikalischen und biologischen Komponenten im Zusammenspiel ihre Wirkung entfalten. Es handelt sich nicht um ein gezielt wirkendes Mittel im Sinne eines Medikamentes, sondern um unspezifische Reize, die sich gegenseitig potenzieren, den Organismus umstimmen und seine Selbstheilungskräfte anregen. Aufgrund dieser multifaktoriellen Wirkung ist eine naturwissenschaftliche, biochemische Erforschung der Kur- und Thermaltherapie äußerst schwierig, und nur mittels einer ganzheitlichen medizinischen Sichtweise lassen sich die seit Jahrhunderten bekannten Heilerfolge der Thermen verstehen.

Wie wir wissen, setzt sich das biologische System des Menschen aus unterschiedlichen Regelkreisen, wie z.B. dem Blutkreislauf, Atmungs-, Nerven-, Immun-, Hormon- sowie dem Verdauungssystem zusammen. Diese Kreisläufe setzen sich ständig mit mannigfachen, sowohl förderlichen als auch schädlichen Reizen auseinander und modulieren, kompensieren und verarbeiten diese, um den Menschen am Leben zu erhalten. Auf Zellebene spielen sich diese Transport- und Regulierungsfunktionen im extrazellulären Bindegewebe ab. Dabei kommt es, wenn der Mensch starken physischen und psychischen Belastungen (z.B. Infekten, Stress, Verletzungen, Überanstrengungen usw.) ausgesetzt ist, zu Störungen dieser Regulationsmechanismen, woraus chronische Entzündungen, Lymphstau, Muskelverspannungen und insbesondere Schmerzen entstehen. Durch Anwendung von positiven Reizen, wie z.B. durch eine Thermalkur, lockert sich das Bindegewebe, der Abfluss von Schadstoffen wird erleichtert und Nährstoffe können den Zellen wieder zugeführt werden. Der angeregte Stoffwechsel und die erhöhte Durchblutung fördern die Regeneration der Zellen und letztendlich wird ein positiver Trainingseffekt der grundlegenden Selbstregulationskräfte erzielt, der auch hilft, die Alltagsbelastungen besser zu meistern. Somit wird verständlich, dass das thermale „Trainingsprogramm" ganz individuell an den Kurgast mit seiner Ausgangssituation (Alter, chronische Erkrankungen, psychische Belastungen, Immunstatus usw.) angepasst werden muss, was die Temperatur und chemische Zusammensetzung der Heilwässer sowie auch Dauer, Art und Intervall der Anwendungen betrifft.

Im Folgenden wird die Wirkungsweise der verschiedenen ischitanischen Wassertherapien erläutert.

8.1 Anwendung des Thermalwassers

Das Angebot der Thermalwässer auf Ischia ist sehr vielfältig, sowohl was die chemisch-biologische Zusammensetzung als auch die physikalische Form der Anwendung anbetrifft. So kann das Heilwasser in unterschiedlichster Weise, je nach medizinischer Indikation, an den Körper herangebracht werden. Die wichtigsten Anwendungsformen auf Ischia sind die Thermalbäder, die Fangoanwendungen und die Inhalations- und Aerosoltherapie, die wir hier etwas ausführlicher erläutern. Weitere Therapieformen sind die Thermalduschen, Dampfgrotten und Thermalkosmetik.

8.1.1 Thermalbewegungsbad – Balneotherapie

Wegen des großen Reichtums an Thermalquellen findet man überall auf der Insel Thermalbademöglichkeiten. Um einen größtmöglichen gesundheitlichen Nutzen von diesen Anwendungen zu erzielen, sollte man zunächst einige Prinzipien der Balneotherapie kennen.

Die physikalischen Effekte auf den Organismus werden nachfolgend erläutert.

8.1.1.1 Temperatur

Die Temperaturwahrnehmung des menschlichen Organismus hängt ab von der Reizfläche, dem Ausmaß der Temperaturänderung und dem jeweiligen Wärmeleiter (z.B. Luft, Wasser usw.). Hierbei ist der Indifferenzbereich oder die Behaglichkeitstemperatur, die Temperatur eines Wärmeleiters, die weder als kalt noch als warm empfunden wird: z.B. bei Luft 22-24°C, Wasser 34-35°C und Fango 38-39°C.

Bei der Thermotherapie, bei der die Wärme der Thermalbäder genutzt wird, kann es zu folgenden Wirkungen kommen:

- Vasodilatation (Blutgefäßerweiterung) und Hyperämie[8] d.h. Zunahme der Hautdurchblutung: fördert die Aufnahme der Inhaltsstoffe des Bademediums
- Muskelentspannung durch Senkung des Muskeltonus, Entkrampfung des Bindegewebes
- Schmerzlinderung durch Endorphin-Freisetzung und Erhöhung der Schmerzschwelle

8.1.1.2 Hydrostatischer Druck

Der hydrostatische Druck, der mit der Eintauchtiefe zunimmt, ist das Gewicht der auf den Körper lastenden Wassermenge (Abbildung 38).

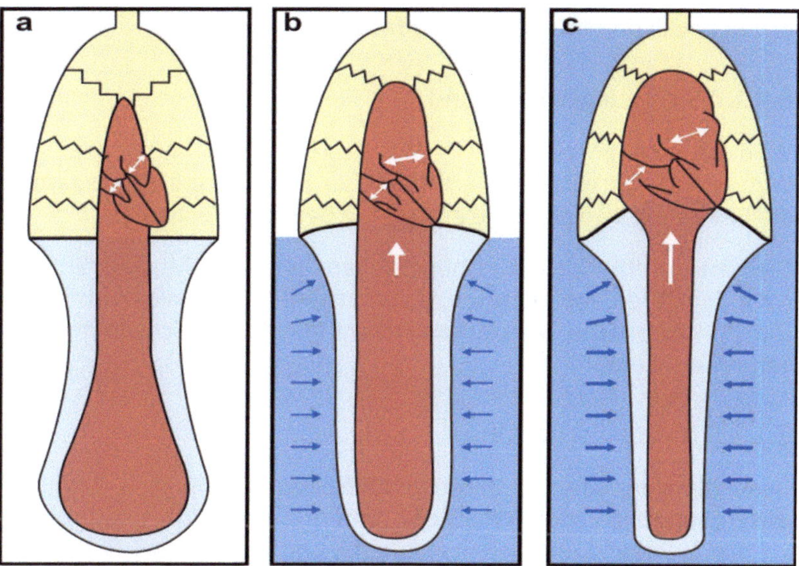

Abbildung 38: Schematische Darstellung nach Hüter-Becker & Dölken (2007) der Gravitationswirkung im aufrechten Gang (a) und der hydrostatische Druck beim Eintauchen in ein Bad bis zum Zwerchfell (b) bzw. beim Vollbad (c).

Der Druck wirkt überwiegend auf das periphere, venöse System mit Verschiebung einer größeren Blutmenge in den Brustraum, was durch das erhöhte Füllungsvolumen des Herzens allgemein den Kreislauf

---

[8] Hyperämie ist die vermehrte Ansammlung von Blut in Organen oder Körperabschnitten.

trainiert. Diese momentane größere Herzbelastung ist jedoch bei Herz-Kreislauf-Patienten und auch allgemein bei älteren Menschen wegen ihrer geringeren Gefäßelastizität zu berücksichtigen. Ein langsames Eintauchen ins Wasser unterstützt die Anpassung an den hydrostatischen Druck.

8.1.1.3 Auftriebskraft

Nach dem archimedischen Prinzip verliert jeder Körper im Wasser scheinbar so viel Gewicht, wie die von ihm verdrängte Wassermenge wiegt.

Der Körper wird durch den Auftrieb leichter (besonders bei Solen), dies führt zur Entlastung der Gelenke, des Achsenskeletts und der statischen Muskulatur und ist günstig zur Rehabilitation bei Arthrosen (Gelenkverschleiß), Tendopathien (Sehnenleiden), Diskopathien (Bandscheibenleiden), nach Frakturen und Gelenkersatz. Der „Schwebezustand" erzeugt auch oft einen Wohlfühleffekt.

8.1.1.4 Strömungswiderstand

Wird im Wasser eine Bewegung ausgeführt, so muss dabei ein Widerstand überwunden werden. Dieser ist umso grösser, je rascher die Bewegung erfolgt und je grösser die bewegte Fläche ist.

Dies ist positiv für die Übungsbehandlung zur Muskelkräftigung nach Frakturen, bei Paresen (Lähmungen) oder Gelenkprothesen. Die Wirkungsfläche kann durch Hilfsmittel wie z.B. Schwimmflossen vergrößert werden.

8.1.1.5 Mechanischer Druck

Behandlungen, wie z.B. Unterwasserdruckstrahlmassagen, Massagedüsen, Sprudelbad oder Whirlpool, fördern die Hautdurchblutung, sind kreislaufanregend, muskelentspannend, und wirken anregend auf die Venenentleerung und den Lymphfluss. Die Massagedüsen werden von den Füssen an aufsteigend angewendet. Schmerzende und verspannte Zonen sollten nur mit großem Abstand massiert werden. Diese Behandlung ist nicht anzuwenden bei entzündeten Stellen, an Krampfadern, bei Antikoagulantientherapie[9] und im Abdominalbereich (Bauchraum).

---

[9] Antikoagulantientherapie ist die medikamentöse Behandlung zur Hemmung der Blutgerinnung und somit zur Verhinderung von Thrombosen und Embolien.

Zusammenfassend kann man sagen, dass richtig dosiert ein Thermalbad Heilung und Entspannung für jedermann bietet. Es ist für den Badegast beruhigend zu wissen, dass die Abgabe der Thermalwässer einem strengen Bäderhygienegesetz unterliegt. Nicht nur die chemischen Inhaltsstoffe der Quellen werden mindestens zweimal jährlich kontrolliert, auch muss der Anbieter ständig nachweisen, dass sich keine pathogenen (krankmachenden) Keime (z.B. E. Coli, Pseudomonas, Staphylokokken usw.) im Wasser befinden. Aus diesem Grund wird das Wasser täglich erneuert, mitunter mit Desinfektionsmitteln behandelt, die die Heilwirkung nicht wesentlich beeinträchtigen, und durch häufige Wasseranalysen überprüft.

8.1.2 Fango

Haben Sie Fango schon ausprobiert, eine Linderung Ihrer Leiden bemerkt und wollen nun mehr über den Heilschlamm erfahren? Oder interessieren Sie sich für schmerzlindernde Naturprodukte? Dann sollten Sie dieses Kapitel aufmerksam lesen! Fango ist ein natürlicher Heilschlamm, der auf der Insel Ischia fast überall für die kurmedizinische Anwendung angeboten wird. Doch was ist Fango eigentlich, wie wird er hergestellt und angewendet und welche Wirkung hat er? Mit all diesen Fragen befasst sich dieses Kapitel.

Fast jeder Badebetrieb auf Ischia bietet Fangoanwendungen an. An dieser Stelle sei aber angemerkt, dass jeder Badebetrieb seinen eigenen, individuellen Fango mit dem ihm zur Verfügung stehenden Thermalwasser produziert. Da die Zusammensetzung der Thermalwässer auf Ischia variiert, unterscheidet sich auch die Zusammensetzung des Fangos von Ort zu Ort.

Obwohl bereits die alten Römer die Vorzüge des Thermalwassers kannten, waren es die Ischitaner, die eine noch effizientere Möglichkeit fanden, das Thermalwasser zu nutzen. Sie erfanden „Fango", das nach dem gleichnamigen Ort benannt wurde, in dem man erstmals Tuffit für die Herstellung von Fango abbaute. Tuffit ist umgelagerte vulkanische Asche, die aus der Gesteinswolke bei einem explosiven Vulkanausbruch abgelagert wurde. Noch heute benutzen traditionelle Badehäuser den Tuffit aus der Region.

Aber was ist Fango eigentlich? Der Begriff stammt aus dem italienischen und bedeutet „Schlamm". Wir fassen es in eine Gleichung: **Trägermaterial + Thermalwasser = Fango.**

Heutzutage werden die verschiedensten Träger zur Herstellung von Fango verwendet, u.a. Moor, Torf, Bitumen, Ton oder Tuffit (siehe Anhang). Auf der Insel Ischia werden von diesen Materialien nur Ton oder Tuffit genutzt. Diese werden fein gemahlen und zusammen mit dem Thermalwasser, Algen und Mikroorganismen für sechs Monate oder länger in einem Becken gelagert. Während dieser Zeit wird dem Material ständig frisches Thermalwasser zugeführt, dessen chemische Eigenschaften auf den Ton oder Tuffit übertragen werden und zusammen mit der Temperatur den biologischen Reifeprozess vorantreiben. Dabei werden die Mineralien, Gase und Mikroorganismen, die im Thermalwasser enthalten sind, in dem Trägermaterial eingelagert und aus dem Ton bzw. dem Tuffit wird Fango. Der entstandene Fango besitzt nun die heilenden Eigenschaften des Thermalwassers.

Ähnlich wie die Thermalwässer lässt sich auch Fango klassifizieren. Die Gruppierung erfolgt dabei sowohl nach den Festbestandteilen als auch nach dem für die Herstellung verwendeten Thermalwasser. Die Festbestandteile (das Trägermaterial) des späteren Fango werden unterschieden in Ton und vulkanisches Material, also Tuffit. Weitere übliche Thermalwasserträger finden Sie im Anhang (Tabelle A2).

Der Fango besitzt bei der Anwendung eine Temperatur von 40 bis 45°C. Er wird mit Schichtdicken von 3 bis 5 cm auf die betroffenen Körperstellen aufgetragen. Um die Eigenschaften des Fangos optimal zu nutzen und die wärmende Wirkung zu steigern, wird der Patient in Tücher oder Decken gehüllt. Anschließend erfolgt eine reinigende Thermalwasserdusche. Die Anwendungsdauer ist ca. 20 Minuten und ist abhängig von der Thermalwasserzusammenstellung und der Empfehlung des Arztes.

Fango ist ein ideales Medium für die lokalisierte, intensive Wärmeanwendung. Seine feste Beschaffenheit ermöglicht, dass höhere Temperaturen an den Körper gebracht werden. Die plastische Konsistenz des Fangos erleichtert das Anmodellieren an Gelenke und Körperteile. Durch diesen direkten und längeren Körperkontakt wird die Tiefenwirkung gesteigert. Die Temperatur, die nur langsam und gleichmäßig abgegeben wird, kann über einen längeren Zeitraum konstant aufrecht gehalten werden, was einen geringeren Wärmeverlust bedeutet.

Fangopackungen sind besonders bei chronischen Gelenk- und Wirbelsäulenerkrankungen und den damit einhergehenden Muskel- und Bindegewebsverspannungen sowie bei chronischen gynäkologischen Entzündungen indiziert.

Da diese intensive Wärmeanwendung eine starke Wirkung auf das Herz-Kreislauf-System hat, sollten z.B. bei sehr niedrigem oder erhöhtem Blutdruck zumindest größere Fangoanwendungen vermieden werden. Eine Fangopackung fördert die Aufnahme der im Wasser gelösten Spurenelemente eines anschließenden Thermalbades. Eine Ruhephase nach größeren Fangobehandlungen, wie z.B. Rückenfango, ist obligatorisch.

Ton und Tuffit sind ein immer wieder verwendbares Material. Nach der Anwendung bleibt stets ein Rest auf der Massagebank liegen, der getrocknet und für eine erneute Verwendung im nächsten Jahr wieder aufbereitet wird.

8.1.3 Thermalinhalation und Aerosol

Unter Inhalationstherapie versteht man eine Behandlungsform, in der es um die örtliche Verabreichung von gasförmigen Wirkstoffen zur Therapie von Atemwegserkrankungen geht.

Die wichtigsten auf Ischia üblichen Anwendungsformen dieser Therapie sind Inhalationen (Thermaldampf)(Abbildung 39) und Aerosole (zu Nebel zerstäubtes Thermalwasser).

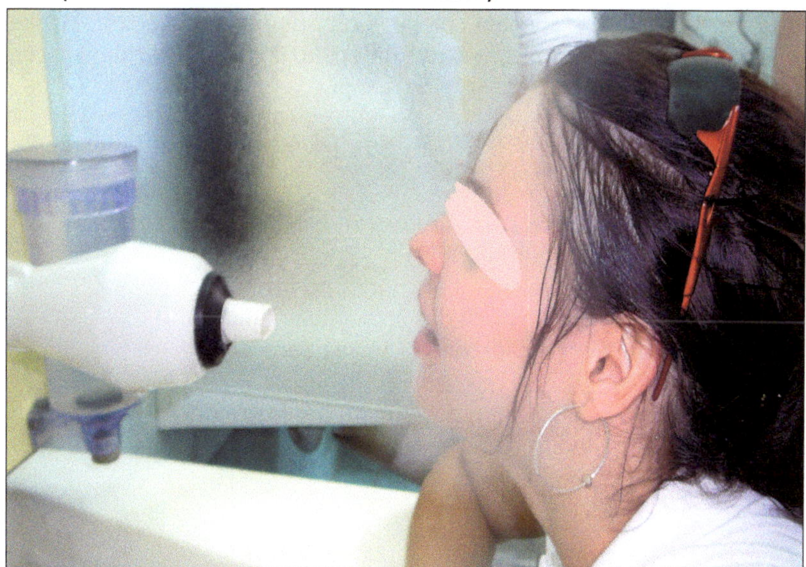

Abbildung 39: Bei der Inhalation wird Thermalwasser in Dampf umgewandelt und über die Atemwege aufgenommen.

Die Therapie richtet sich auf die Atmungsorgane, wobei man den oberen Atemtrakt (Nasen-Rachenraum, Nebenhöhlen, Kehlkopf) und die unteren Atemwege (Luftröhre, Bronchien, Bronchiolen (feinere Verzweigung der Bronchien) und Alveolen (Lungenbläschen)) unterscheidet, obwohl der gesamte Respirationstrakt aufgrund des gleichen Aufbaus des Schleimhautepithels (Drüsen- und Deckgewebe) eine Einheit bildet. Die oberen Atemwege haben eine Barrierefunktion gegen allgemeine und pathogene Umwelteinflüsse, indem sie die eingeatmete Luft filtern, anwärmen und anfeuchten. Immunkompetente Zellen[10] und eine natürliche Bakterienflora halten außerdem pathogene Keime zurück.

Bei den heutzutage durch Umweltverschmutzung, Zigarettenkonsum und Allergene so häufigen chronischen Entzündungen kommt es zu Veränderungen (Hyperplasie (übermäßige Zellbildung) bzw. Metaplasie (Umwandlung einer Gewebe- oder Zellart)) des Schleimhautepithels und der schleimproduzierenden Zellen sowie zu qualitativer und quantitativer Schwächung des lokalen Immunsystems, so dass die Schutzfunktion für Bronchien und Lunge nicht mehr gewährleistet ist.

Die Hauptwirkungsweise der Thermalinhalation beruht darauf, die genannten Funktionen wiederherzustellen und zu stabilisieren. Zudem kann sie bei bereits bestehenden chronisch, wiederkehrenden Entzündungen auch im Bronchial- und Lungenbereich regenerierend und heilend wirken. Hierbei spielt die Größe der inhalierten Partikel und natürlich die chemische Zusammensetzung des Thermalwassers eine Rolle.

Die Größe der Thermalwasser-Partikel hat einen starken Einfluss auf deren Reichweite:

- >10 µn erreichen nur die oberen Atemwege (Thermaldampfinhalation)
- 10 bis 3 µn erreichen Luftröhre und Bronchien
- < 3 µn erreichen auch die Bronchiolen und evtl. die Lungenbläschen (Thermalaerosol)

Die Effekte der Thermalinhalation sind in der folgenden Tabelle zusammengefasst (Tabelle 6).

---

[10] Immunkompetente Zellen sind alle Zellen, die an einer Immunantwort des Organismus beteiligt sind.

Tabelle 6: Effekte der wichtigsten chemischen Inhaltsstoffe des Thermalinhalts auf die Atemwege.

Inhaltsstoff	Wirkung
Solen	sekretionsfördernd durch: - Hyperosmolarität (= den gesteigerten osmotischen Druck im Gewebe mit Einfluss auf Elektrolyt- oder Wasserhaushalt), - Immunglobuline (IgA) (= Immunglobulin ist ein Protein, das die Eigenschaften eines Antikörpers aufweist), - diffundieren an die Oberfläche
Bicarbonate	- Schleimhaut abschwellend, - antiallergisch durch Hemmung der Mastozytenaktivität (Mastozyten sind Zellen der körpereigenen Abwehr, die Botenstoffe u.a. Histamin und Heparin gespeichert haben.)
Sulfate	- Antianaphylaktisch (Anaphylaxie bezeichnet die hyperintensive Reaktion des Immunsystems auf chemische und biologische Reize in Form von Hautreizungen bis zum Kreislaufschock), - desensibilisierend, - antiseptisch, - durchblutungsfördernd
Jod	- antiseptisch und - sekretionsfördernd
Brom und Calcium	- beruhigend und - entzündungshemmend
Magnesium	- Antispastisch (Spastik bezeichnet die Erhöhung der Eigenspannung der Skelettmuskulatur, die oft auf eine Schädigung des Gehirns oder Rückenmarks zurückzuführen ist) und - relaxierend auf die glatte Muskulatur d.h. dämpft Hyperaktivität der Bronchien
Radon	- stimulierend und - revitalisierend auf das Flimmerepithel (Flimmerepithel ist die Zellschicht, die einen großen Teil der Atemwege auskleidet), - antinaphylaktisch durch Denaturierung der allergenen Proteine

Wie wir wissen, entfalten die einzelnen Inhaltsstoffe (Ionen und Verbindungen) ihre Wirkung im Zusammenspiel. Sicher ist, dass die ischitanischen Heilwässer sämtlich zur Inhalationstherapie geeignet sind, sei es als Vorbeugung (Abhärtung der Atemwege) vor Erkältungskrankheiten, sei es zur Regeneration bei Rauchern oder Schadstoffexponierten, sei es für die Behandlung schon ausgebildeter chronischer Entzündungen wie   Rhinitis (Schnupfen), Sinusitis (Nasennebenhöhlenentzündung), Pharyngitis (Rachenentzündung), Laryngitis (Kehlkopfentzündung), Tonsillitis (Mandelentzündung), Mittelohrentzündung, Sinu-Bronchiales Syndrom (Erkrankung der oberen und unteren Atemwege), Chronisch obstruktive Bronchopathie usw.

Nicht indiziert ist die Inhalationstherapie bei allen akuten Atemwegsentzündungen oder Infekten, akuten Mittelohrentzündungen, Bronchospasmus[11] bzw. akutem Asthmaanfall, Pleuritis (Brustfellentzündung), Tuberkulose des Respirationstraktes oder sehr reduziertem Immunstatus.

8.1.4 Thermalwasserdusche

Die Thermaldusche kann man in jedem Badebetrieb, Thermalpark oder im Hotel genießen. Eine Besonderheit: bei der Nitrodi-Quelle in Barano werden ausschließlich Thermalduschen angeboten (Abbildung 32). Dieses hier mit etwa 27°C warmen, sehr weichen Thermalwasser wird vor allem bei der Behandlung von Hautkrankheiten eingesetzt. Es unterscheidet sich von den übrigen Thermalwässern auf der Insel hinsichtlich seiner Entstehung. Wie oben erklärt, wird das in den Boden sickernde Regenwasser durch heiße Gase im Untergrund erwärmt, so dass es sich mit Mineralien aus den umliegenden Gesteinen anreichern kann (siehe Kapitel 3.2.1 und 8.2.1).

8.1.5 Dampfgrotte

Eine für Ischia typische Thermalanwendung ist die traditionelle Dampfgrotte (Abbildung 40). Im Gegensatz zur trockenen finnischen Sauna ist die Luft hier mit heißem Wasserdampf gesättigt. Da die Feuchtigkeit die Wärmeabgabe des Körpers auf dem Verdunstungswege einschränkt, darf die Temperatur der Grotte, je nachdem wie vollständig der Raum verschlossen ist, nur ca. 50°C betragen. Eine solche Anwendung sollte nicht länger als 10 Minuten dauern. Das Einatmen des Thermaldampfes hat einen anfeuchtenden und reizmindernden Effekt

---

[11] Bronchospasmus bezeichnet das Verkrampfen der Bronchialmuskeln, welche die Atemwege umspannen.

auf die Schleimhaut der Atemwege und aktiviert das Flimmerepithel. Die Überwärmung des Körpers mit anschließender, je nach Konstitution allmählicher oder schneller Abkühlung, dient als Entgiftungsmaßnahme, als Gefäßtraining und auch der allgemeinen Abhärtung.

Abbildung 40: Bei einer Badegrotte wird der Dampf des Thermalwassers eingeatmet.

Im **griechisch-römischen Dampfbad** hingegen wird der Körper durch die Passage in verschieden temperierten Grotten langsam erwärmt und zum Schwitzen gebracht. Insofern ist bei dieser Anwendung ein längerer Aufenthalt möglich, wobei in der Römerzeit Konversation und soziale Kontakte gepflegt wurden. Hier diskutierte man friedlich in wohliger und entspannter Atmosphäre Themen, die andernorts möglicherweise Stoff für Auseinandersetzungen geboten hätten. Die Abkühlung erfolgt ebenfalls meistens graduell.

Beide Formen von Überwärmungsbädern dienen der Anregung der vegetativen Eigenregulation und sollten mit einer Nachruhephase beendet werden.

8.1.6 Thermalkosmetik

In fast allen Thermalparks und in vielen Geschäften der Insel können **Kosmetikartikel** wie Seifen, Körperlotionen, Gesichtscremes, Bade- und Duschzusätze und viele weitere, aus dem Thermalwasser hergestellte Produkte käuflich erworben werden, um auch daheim noch die „Inhaltsstoffe Ischias" zu genießen. Die in den Thermalzentren angebotenen Behandlungen mit diesen Thermalprodukten oder auch die Fangomasken haben einen regenerierenden, verjüngenden Effekt auf die Haut und „verlängern" die Wirkung der Thermalbäder.

Doch was sind diese vielen Nutzungsmöglichkeiten ohne eine angenehme Atmosphäre? Das mediterrane Klima mit seiner stabilen Wetterlagen und nur mäßigen Temperaturschwankungen, die frische Brise des Meeres, die schöne Landschaft Ischias und nicht zuletzt die Aussicht auf das Meer üben grundlegenden Einfluss auf das Wohlbefinden eines Jeden aus. Fern der Heimat kann man hier abschalten, den Stress und die Sorgen von daheim vergessen und wieder neue Kraft für die nächsten Aufgaben tanken. Dieses „inseleigene Rund-um-Wellness-Programm" für Körper und Seele bietet die optimale Grundlage für die gesundheitsfördernden Anwendungen, die Ihnen die Insel Ischia bietet.

8.2 Wirkung des Thermalwassers

Nun wissen Sie auf welche Art und Weise das Thermalwasser auf Ischia eingesetzt wird und können den Aufenthalt auf Ischia nach ihren Wünschen gestalten. Doch warum wirkt das Thermalwasser eigentlich und welche Faktoren sind dabei wichtig? Auf diese Fragen möchten wir im Folgenden Abschnitt eingehen und die Wirkungsweise der Wässer erläutern.

Schon in der Antike waren die Thermalwässer der Insel Ischia bekannt und beliebt. Die römische Oberschicht wusste aus Erfahrung um die Heilwirkung dieser Quellen insbesondere zur Wundheilung (Nitrodi), bei unerfülltem Kinderwunsch, bei rheumatischen Schmerzen, nach Frakturen oder auch zur Schönheitspflege und Verjüngung. Schon frühzeitig gab es Badeärzte und Forschung zur Wirkungsweise der Kuranwendungen. Erst durch genaue chemische und pharmakologische Untersuchungen des Wassers und durch das bessere medizinische Wissen über die Prozesse im menschlichen Körper etwa ab dem 19. Jahrhundert war es möglich, die Erfahrungswerte durch wissenschaftliche Erkenntnisse zu untermauern. Mit dem Beginn der Sozialgesetzgebung wurden die Heilwässer definiert und ihre Nutzung reglementiert. Unter „natürlichem Heilwasser" versteht man heute Heilquellen, die auf Grund ihrer chemischen Zusammensetzung, ihrer physikalischen Eigenschaften und nach balneologischer Erfahrung und medizinischen Erkenntnissen nachweisbare therapeutische Wirkungen haben, die zur Prävention, kurativen Therapie und Rehabilitation nutzbar sind. In den Thermalwässern der Insel Ischia bilden Natrium, Kalium, Magnesium, Chlorid, Hydrogenkarbonat und Sulfat die Hauptbestandteile. Dies sind gleichzeitig die wesentlichen Bestandteile der Körperflüssigkeit und der Zellen im menschlichen Organismus. Diese, in den Wässern gelöste Inhaltsstoffe wirken bei einem Thermalbad vor allem auf das flächenmäßig größte Organ des Körpers, die Haut, worauf wir nun etwas genauer eingehen werden.

8.2.1 Das Grenzorgan Haut

Schöner und gesunder Haut wird von jeher eine große Bedeutung beigemessen. Nun ist das Grenzorgan Haut nicht nur Ausdruck von äußeren Einflüssen, sondern ist auch der Spiegel des inneren Gesundheitszustandes und des Alterungsprozesses. In der Thermalmedizin hat die Haut als größtes Oberflächenorgan eine besondere Bedeutung, da sie einerseits als Barriere, andererseits aber auch als aufnehmendes und ausscheidendes Organ die von außen auf den Körper einwirkenden physikalischen und chemischen Reize moduliert. Die Haut mit ihren Thermorezeptoren ist das ausführende Organ der Temperaturregulation des gesamten Organismus. Die Wärme des Thermalwassers stimuliert die Mechanismen der Wärmeabgabe, wie Vasodilatation und Anregung der Schweißdrüsen. Bei Kälte kommt es umgekehrt zu Vasokonstriktion (Verengung der Blutgefäße) und Kontraktur der Unterhautmuskulatur (Gänsehaut).

Bei den verschiedenen Warmanwendungen (Fango, Bäder, Dampfbad) führt die verstärkte Durchblutung der Hautschichten zu größerer Sauerstoff- und Nährstoffzufuhr, was eine verstärkte Produktion der wichtigen Bausteine Kollagen, Hyaluronsäure[12], Elastin und von Enzymen zur Zell- und Gewebsregeneration zur Folge hat. Auch wird die Funktion der Schweißdrüsen angeregt und die Poren in der Epithelschicht erweitert. Somit kommt es durch Ausscheidung von Schlackenstoffen zu einer Entgiftung auch der tiefer liegenden Hautschichten.

---

[12] Hyaluronsäure ist eine der Grundsubstanzen der Haut.

Die chemischen Bestandteile des Thermalwassers können nunmehr durch die Öffnung der Poren und die Erweiterung der oberflächlichen Blutkapillaren besser in die Haut eindringen und ihre Wirkung entfalten. Normalerweise ist die Eindringtiefe der Ionen in die Haut sehr gering (Abbildung 41). Da es aber bei der Thermalwassertherapie zusätzlich zu dem eben beschriebenen Wärmeeffekt zu einem Hinwegwaschen der abgestorbenen Epithelzellen und bei den hier sehr salzhaltigen Wässern zu einem regelrechten Hautpeeling kommt und sich zudem der Lipidschutzfilm auf der Hautoberfläche vermindert, verbessert sich die Aufnahme der chemischen Verbindungen.

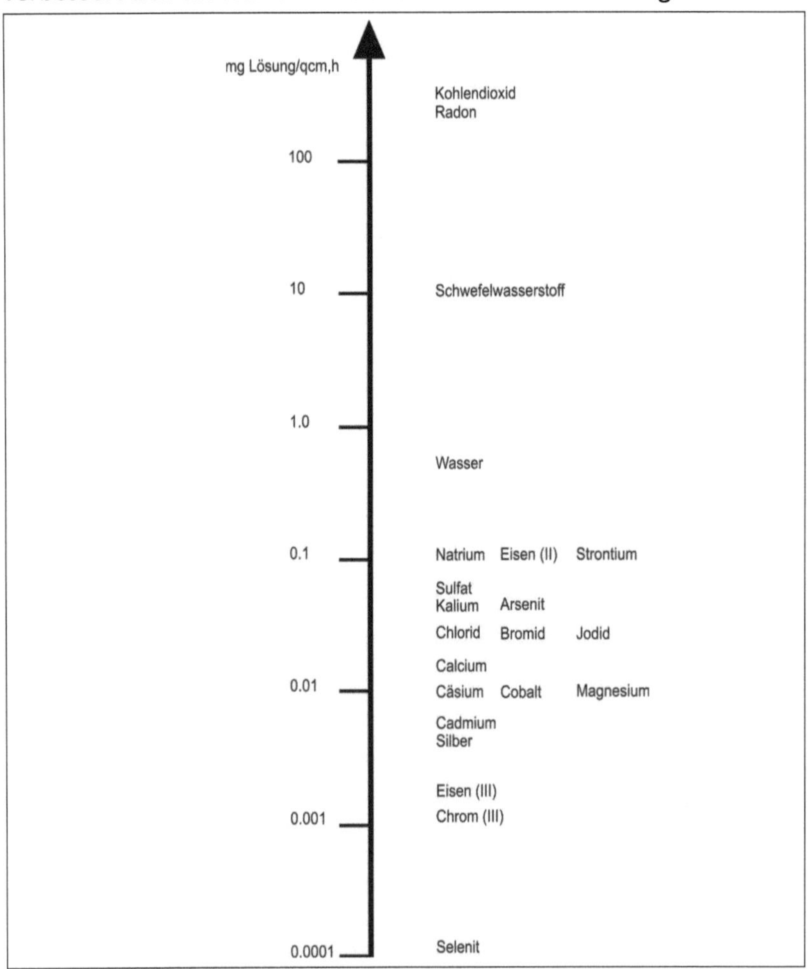

Abbildung 41: Ionendurchlässigkeit der Haut (PRATZEL & SCHNIZER, 1992). Weitere Informationen zu den Spurenelemente im Wasser und deren Wirkung auf den Körper finden Sie im Anhang.

Somit regenerieren die verschiedenen Hautschichten; es können z.B. Ekzeme, Neurodermitis- und Psoriasis Läsionen besser abheilen, die lästige Orangenhaut (Cellulite), wird besonders in Verbindung mit einer leichten Unterwasserdruckstrahlmassage positiv beeinflusst, und durch die Hyaluronsäurebildung, die für die Wasserbindung im Gewebe verantwortlich ist, wird der Hautalterung und Faltenbildung entgegengewirkt. Ferner haben Salze und Jodverbindungen eine antiseptische Wirkung auf entzündliche Hautkrankheiten, wie z.B. Akne oder Neigung zu Furunkulose oder Schweißdrüsenentzündungen. Die leichte Base Hydrogencarbonat (als Bad oder Thermalkosmetik) reguliert die durch schädliche Umwelteinflüsse übersäuerten Hautschichten und ist besonders indiziert bei fettiger, gereizter Haut. Auch als Deodorant und erfrischendes Thermalwasserspray sind eher Hydrogenkarbonat-Wässer und nicht die Solen geeignet.

Andererseits vermindern diese für die Haut so positiven Thermalreize jedoch vorübergehend die Oberflächenresistenz der Haut, reduzieren den Säureschutzfilm und machen sie anfälliger für äußere Einflüsse. So versteht es sich von selbst, dass nach der Thermalanwendung ein direktes Sonnenbad vermieden werden sollte, andererseits bei Kosmetikanwendungen Haut-pH-neutrale, natürliche Produkte, auch auf Thermalwasserbasis, die hydrierend und nährend wirken, sogar besser in die Haut eingeschleust werden und wirken können. Was die Frage des Abduschens nach dem Thermalbad anbetrifft, so ist dieses angebracht bei empfindlicher oder älterer Haut im allgemeinen und bei Solebädern, da diese im Nachhinein der Haut noch Wasser entziehen können. Verbleiben die Mineralien auf der Haut, kann die sogenannte Nachresorption der Mineralstoffe ausgenutzt werden, und dieses kann insbesondere bei kürzeren Thermalanwendungen, bestehend aus Fango, Wannenbad und Nachruhe auch sinnvoll sein.

8.3 Indikationen von Thermalwasser

Sie haben sich jetzt ein Bild davon machen können, welche Thermalwasseranwendungen es gibt und in welcher Weise diese über Haut und Schleimhäute auf den Körper einwirken. In diesem Kapitel geht es nun um die Umsetzung dieser Reize im Körper und um die medizinischen Indikationen, also bei welchen Krankheitsbildern die Thermal- und Heilwässer Ischias angewendet werden können.

Das Organ Haut wird nicht nur lokal durch den Kontakt mit und die Aufnahme von Mineralstoffen und durch physikalische Thermalreize regeneriert, entschlackt und verjüngt, sondern stellt in seiner Komplexität den Zugang eben dieser Reize auf den gesamten Organismus her, wo diese in den unterschiedlichen Organen und Strukturen die eigentliche Thermalwirkung entfalten können.

Die große Präsenz von Neurorezeptoren[13] (für Temperatur, Druck, Vibration und Schmerz), Immun- und Hormonstrukturen in den gesamten Hautschichten ermöglichen die Weiterleitung der Impulse an die extrazelluläre Matrix, diese alle Zellen und Organe umgebende Grundregulationssubstanz, die für die Homöostase (Regulation und Aufrechterhaltung) der gesamten Körperprozesse verantwortlich ist. Ein richtig dosierter Thermalreiz fördert zunächst überwiegend unspezifisch die Selbstheilungskräfte durch Verbesserung der Sauerstoffzufuhr, Abtransport von Toxinen, Verminderung des Sympathikus[14] -Tonus (der besonders bei Stress erhöht ist), Training des Herz- Kreislauf-Systems durch Blutvolumenverschiebungen im Körper, Anregung des Immunsystems, Abbau von Entzündungszellen im Gewebe, Schmerzlinderung durch Verminderung der Nervenerregbarkeit und Endorphin-Ausschüttung und noch vieles mehr. Da es sich hierbei um ein komplexes Zusammenspiel von Immunsystem, Hormonsystem, Nervensystem und Psyche handelt, hat die Thermalkur anders als die Einnahme eines einzelnen Medikamentes eine spezielle Dynamik.

Einerseits tritt oft der eigentliche Besserungseffekt erst nach Tagen oder Wochen auf, andererseits gibt es manchmal eine sogenannte Erstverschlimmerung und es kann zu einer sogenannten Kurkrise, d.h. einem neurovegetativen Überreizungszustand, kommen.

Es sollten mindestens einmal wöchentlich Kurpausen eingelegt werden. Somit ergibt es sich von selbst, dass man sich vor den Thermalanwendungen unbedingt ärztlichen Rat einholen sollte.

Medizinische Indikationen

Wie Sie inzwischen erfahren haben, gibt es auf Ischia vor allem Chlorid- und Hydrogenkarbonat-Wässer.

Man wird aber selten reines Chlorid- oder Hydrogenkarbonat-Wasser vorfinden, sondern es gibt meist unterschiedliche Kombinationen, in denen eine Vielzahl von Ionenverbindungen und Spurenelementen in geringeren Konzentrationen vorliegen, die als Enzymkatalysatoren

---

[13] Neurorezeptoren sind verantwortlich für die Übertragung von Reizen im Nervensystem mithilfe von Botenstoffen.

[14] Sympathikus-Parasympathikus, sind die Antagonisten des vegetativen Nervensystems.

oder Zellmembranstabilisatoren positiv auf den Organismus einwirken. Was die medizinische Wirkung, Anwendung und Vorkommen anbetrifft, sind in der folgenden Tabelle 7 einige Indikationen der verschiedenen Thermalwässer und Inhaltsstoffe dargestellt.

Tabelle 7: Thermalwassertypen die auf der Insel Ischia vorkommen mit deren Wirkung.

Wassertyp	a) Inhalation b) Trinkkur	Bad	Vorkommen
Natrium-Chlorid-Wässer	a) Sekretions-fördernd, Stimulierung der Schleim-hautimmunität, "Abhärtung" der Atemwege	- Bewegungs-therapie bei Wirbelsäulen- und Gelenk problemen - bei chronische rheumatische Erkrankun-gen, Abhär-tung, Kreislauf anregend	Die meisten Quellen Ischias
Solen			Meernähe, Thermalparks: Eden, Olympus, Aphrodite-Apol-lon, Poseidon, Vagnitiello
Natrium-Hydrogen-karbonat-Wässer	a) Abschwellend bei chron. Entzündungen, z.B. Sinusitis, antiallergisch b) Leber- und Gallenleiden schützt Magen-schleimhaut	Wie Natrium-Chlorid-Wasser, geringere Reizstärke eher bei Schwäche und zur Rekon-valeszenz	z. B. Cavascura viele Quellen im Norden und Westen
Sulfat-Wässer	a) Stabilisierend und desensi-bilisierend bei Allergien, antiseptisch b) Gallen-und allgemein Stoff-wechsel anregend	Chronische ent-zündliche Haut-krankheiten	Nitrodi-Quelle

Wassertyp	a) Inhalation b) Trinkkur	Bad	Vorkommen
Calcium und Magnesium	**a)** Relaxierend auf glatte Muskulatur, dämpft Hyperaktivität der Bronchien **b)** Antispastisch auf Verdauungstrakt	s. Natrium-Hydrogenkarbonat-Wässer	Nur in der Gruppe der Hydrogenkarbonat-Wässer Nitrodi-Quelle
Eisenhaltiges Wasser	**b)** Bei Blutarmut und Erschöpfungszuständen (auf Ischia nicht als Trinkkur angewendet)	s. Natrium-Chlorid-Wässer bzw. Natrium-Hydrogenkarbonat-Wässer	Nordwesten
Lithium	**b)** Einfluss auf neuro-psychologische Prozesse, Förderung der Harnsäureausscheidung	s. Natrum-Chlorid-Wässer bzw. Natrum-Hydrogenkarbonat-Wässer	Die meisten Quellen Ischias
Fluorid	**a) und b)** bekannterweise zur Kariesprophylaxe, Wirkung auf Zahn und Knochenstrukturen	s. Natrum-Chlorid-Wässer bzw. Natrum-Hydrogenkarbonat-Wässer	Die meisten Quellen Ischias

Der große Reichtum an Thermalwässern auf Ischia ermöglicht daher die Behandlung vieler Funktionsstörungen oder Erkrankungen, von denen die wichtigsten im Folgenden zusammengefasst sind.

8.3.1 Stütz-und Bewegungsapparat

Degenerative Gelenk- und Wirbelsäulenerkrankungen, degenerative und deformierende Arthrosen, chronische rheumatische Arthritiden (auch Psoriasisarthritis), Fibromyalgie[15], myofasziales Schmerzsyndrom[16], Sehnenscheidenentzündungen, eingeschränkte Mobilität im Alter sowie nach Verletzungen, Frakturen und Lähmungen, Osteoporose[17]. Besonders geeignet Solebewegungsbäder (s. Thermalbäder) und Fango.

8.3.2 Atemwege

Neben den im Abschnitt Inhalationstherapie beschriebenen Wirkungen (s. Kapitel 8.1.3) haben auch die Umgebungsfaktoren einen erheblichen Einfluss auf den Respirationstrakt: Allergenreduktion, natürliches Aerosol der Meeresluft, weniger Schadstoffe, Atemtraining durch körperliche Aktivität im Freien, möglicher Verzicht auf Nikotinkonsum, Erleben einer gesünderen Lebensweise. Hydrogenkarbonat-Wässer haben zusätzlich eine antibakterielle und pH-regulierende Wirkung auf die allgemeine Übersäuerung der Atemwegs-, Mund- und Rachenschleimhaut.

8.3.3 Gynäkologische Dysfunktionen

Balneo-Fangotherapie („fango a la slip") sowie vaginale Irrigationen[18] wirken bei chronischen Entzündungen der Beckenorgane wie z.B. der Adnexitis[19], einer häufigen Ursache von „mechanischer Sterilität". Auch Hormonregulationsstörungen werden oft gebessert.

---

[15] Fibromyalgie - chronisches Schmerzsyndrom von Muskel- und Bindegewebe.

[16] Myofasziales Schmerzsyndrom - Schmerzen im Stütz- und Bewegungsapparat.

[17] Osteoporose ist eine stoffwechselbedingte, mit einem Abbau von Knochensubstanz einhergehende Erkrankung der Knochen.

[18] Irrigation ist eine Spezialform des Einlaufs in der Medizin.

[19] Adnexitis bezeichnet die Entzündung der Eileiter und der Eierstöcke.

8.3.4 Hauterkrankungen

Entschlackung, Verjüngung, Entzündungshemmung auch im Zusammenspiel mit der natürlichen UV-Strahlung und Thalassotherapie (Meerwasser als Heilwasser) insbesondere bei Neurodermitis (Hautkrankheit) durch Stärkung des Immunsystems, Juckreizminderung und heilendem Einfluss auf die lokale Entzündung. Bei Psoriasis (Schuppenflechte): Keratolyse[20]. Geeignet: UV-Strahlung, Sole- und Meerbäder. Die Nitrodi-Quelle als Duschanwendung hilft auch bei akuter und infektiöser Dermatitis sowie bei der Wundheilung.

8.4 Physiologische Wirkungen und Kontraindikationen

Selbstverständlich kann man auch ohne medizinische Kenntnisse einen unbeschwerten Badetag im Thermalwasser verbringen, doch kann es für den Badegast nützlich und interessant sein, einige physiologische Wirkungen der Thermalwässer auf den menschlichen Körper und auch einige Kontraindikationen der Thermalanwendungen zu kennen.

8.4.1 Verdauungstrakt

Durch momentane Elektrolytverschiebungen bei stärkerer Schweißabsonderung und osmotischer Interaktion mit den im Heilwasser enthaltenen Ionen, kann es zu einer Verminderung des Säuregehalts des Magensaftes kommen. Zudem verstärkt die Hyperämie (übermäßiges Blutangebot) in der Peripherie mit momentaner Verminderung der Durchblutung im Magen-Darmbereich ebenfalls die Reduktion der Verdauungstätigkeit. Üppige Mahlzeiten sollten daher absolut im Zusammenhang mit jeglichen Thermalanwendungen vermieden werden.

8.4.2 Nieren

Die Effekte der Thermen auf den Flüssigkeitshaushalt können einen Einfluss auf eine vorbestehende Niereninsuffizienz oder Nierensteinleiden haben. Auf eine adäquate Trinkmenge ist zu achten und längere Badezeiten bei höheren Temperaturen sollten vermieden werden.

---

[20] Keratolyse bezeichnet das Auf- und Ablösen von Hornzellen aus der äußersten Hautschicht.

Andererseits hat eine Trinkkur der Nitrodi-Quelle einen positiven Effekt auf Diurese (Harnausscheidung durch die Nieren) und Nierensteinbildung.

8.4.3 Tumorleiden - Immunschwäche

Tumorleiden sind keine absolute Kontraindikation für einen Ischia aufenthalt. Bei erst wenige Monate zurückliegenden Operationen sowie Chemo- oder Bestrahlungstherapie, d.h. bei einer starken Schwächung des Organismus, überfordern die Thermalreize aber in der Regel den Körper. Diese Thermalreize sollten durch Bewegung an der frischen Luft oder Meerbäder und leichte Wanderungen zur allgemeinen Erholung ersetzt werden. Dasselbe gilt für ein durch Infekte geschwächtes Immunsystem.

8.4.4 Herz-Kreislauf-System

Insbesondere Thermalbäder, Dampfgrotten und Fangopackungen stellen große Anforderungen an die Herzleistung. Folgende Effekte der Thermalanwendungen erfordern eine rasche Reaktionsfähigkeit des Herzens durch Änderung von Schlagvolumen und Frequenz: Erweiterung der peripheren Blutgefäße (Wärme) oder die Verschiebung des venösen Blutes aus der unteren Körperhälfte in den Brustraum (hydrostatischer Druck) oder vegetative Reaktionen, die zu Veränderungen von Strömungsgeschwindigkeit und Gefäßwiderstand führen. Insbesondere bei Herzinsuffizienz und koronarer Herzkrankheit und auch bei Einnahme von einigen der üblichen Herz- und Blutdruckmedikamenten (z.B. Betablocker) ist eine ausreichende Reaktionsfähigkeit des Herzens nicht gegeben. Ebenso sollten Personen mit einer verminderten Gefäßelastizität (Arterlosklerose, ältere Menschen) und erhöhtem Blutdruck sehr heiße Bäder, größere Fangoanwendungen und insbesondere Wechselbäder eher meiden. Für jüngere Menschen mit niedrigem Blutdruck kann dagegen der Wechsel von heißen und kalten Bädern ein gutes Gefäßtraining sein.

8.4.5 Individuelle Thermalkurwirkung

Wie die Heilwasseranwendungen nun bei jedem einzelnen Individuum wirken, hängt von den verschiedensten Faktoren ab. Dies betrifft einerseits die Art, Dauer, Intensität des Thermalreizes und andererseits die individuelle Fähigkeit, auf diesen Reiz zu reagieren. Diese ist wiederum abhängig von Konstitution, Alter, Vorerkrankungen, Gewicht, Lebensstil, psychischen Belastungssituationen und auch von den örtlichen Umweltfaktoren wie z.B. Klima, zusätzlichen Aktivitäten usw. Wichtig ist außerdem, dass das Prinzip „Viel hilft viel" bei den Thermalanwendungen völlig fehl am Platze ist.

8.5 Anwendung von Gasen und ihre Nutzung

Nicht nur das Thermalwasser der Insel Ischia hat eine positive Wirkung auf den menschlichen Körper, auch die Gase, die aus der Tiefe der Erde an die Oberfläche dringen, können das Wohlbefinden steigern. Doch um welche Gase handelt es sich dabei und wie werden sie genutzt? Mit diesen Fragen befasst sich dieses Kapitel.

Nach den „Bad Nauheimer Beschlüssen" sind natürliche, ortsgebundene Heilgase als natürlichen Heilmitteln zu klassifizieren. Von den natürlichen Heilgasen werden zurzeit Kohlenstoffdioxid, Schwefelwasserstoff und Radon für Therapiezwecke eingesetzt.

Fumarolen, Austrittsstellen von heißen aufsteigenden Gasen, werden heute für verschiedene Anwendungen genutzt. In Lacco Ameno werden mit Hilfe der Fumarolen nicht nur Heizungen betrieben und destilliertes Wasser hergestellt, sondern auch die sogenannte „Stufe von San Lorenzo" als Therapie. Bei der „Stufe" handelt es sich um eine Art „Sarkophag", also eine Röhre, in die man sich hineinlegt (Abbildung 42). Die Gase werden nun eingeleitet, um so auf den Körper wirken zu können. Nur der Kopf ragt aus der Röhre, um während der gesamten Anwendung frische Luft und ausreichende Kühlung zu garantieren. Das Wärmeempfinden wird so ausgeglichen und man spürt nicht, dass man schwitzt.

Abbildung 42: Bei der sogenannten „Stufe von San Lorenzo" wirken die Fumarolen-Dämpfen auf den gesamten Körper.

Am Maronti-Strand kann man dank der Fumarolen im warmen Sand ein **Sandbad** nehmen. Hierbei wird der Körper mit Sand „zugedeckt" und man kann für einige Zeit ganz entspannt die Wärme als Geschenk der Erde genießen. Hier handelt es sich um eine Art „trockene" Fangotherapie.

Das **Edelgas Radon** ist gewiss aufgrund seiner Radioaktivität das umstrittenste auf der Insel Ischia vorkommende Heilmedium. Es tritt nicht als Gas an Fumarolen aus sondern befindet sich in gelöster Form im Thermalwasser.

Das folgende Kapitel soll, ohne den Anspruch der Vollständigkeit, einige Informationen zu Radon und seiner Wirkung geben. Die Radioaktivität von Thermalwasser wird durch das Gas Radon hervorgerufen. Trotz verschiedener Forschungsarbeiten bezüglich des Radongehaltes der ischitanischen Quellen, verfügen wir z. Zt. nur über zwei gesicherte Messwerte von Quellen mit einem Radongehalt im international definierten therapeutischen Bereich. Diese Quellen befinden sich in Casamicciola und in Lacco Ameno (Santa Restituta), wo allerdings z. Zt. keine spezifischen Radonkuren in Wannenbädern angeboten werden. Systematische Analysen und wissenschaftliche Interpretationen der Forschungsergebnisse stehen noch aus.

8.5.1 Was ist Radon und wie wirkt es?

Die chemischen Untersuchungen einiger Thermalwässer ergeben einen erhöhten Wert an dem radioaktiven Element Radon. Doch was ist Radon genau, welche Thermalwässer der Insel Ischia sind mit Radon angereichert, welchen Einfluss hat die radioaktive Strahlung auf den menschlichen Körper und ist sie etwa schädlich? Mit all diesen Fragen befasst sich dieses Kapitel.

Radon- 222, ein natürliches, radioaktives, geruchsfreies Edelgas, ist in einigen Thermalquellen Ischias gelöst. Dieses leicht alpha[21]- strahlende Zerfallsprodukt des Elements Radium hat eine physikalische Halbwertszeit von 3,8 Tagen. Die biologische Halbwertszeit, d.h. die Verweildauer im menschlichen Körper, beträgt maximal 30 Minuten. Radon wird über Haut und Schleimhäute aufgenommen, wo es seine alpha-Strahlungsenergie abgibt, ohne jedoch tief ins Gewebe einzudringen. Um das Für und Wider von Radontherapien besser zu verstehen, zunächst einige weitere grundlegende Informationen.

8.5.1.1 Messung der Radioaktivität

Nachfolgend sind die Maßeinheiten angegeben, die bei den Radonmessungen zu Grunde gelegt werden.

- Die Einheit der Aktivität ist das Becquerel (Bq = 1 Kernzerfall/Sekunde).
- Die Energiedosis gibt die aufgenommene Strahlungsenergie pro Masse der durchstrahlten Materie an und wird in Gray (Gy) gemessen: 1 Gy=1J/kg.
- Die verschiedenen Strahlungsarten verursachen im Körpergewebe bei gleicher Energiedosis eine unterschiedlich starke biologische Wirkung, die auch von der Anfälligkeit des betroffenen Körperteils für Strahlenschäden abhängt: diese effektive Dosis wird in Sievert (Sv) oder milliSievert (mSv) angegeben.

Die mittlere Strahlungsdosis durch natürliche radioaktive Stoffe (überwiegend Radon) und kosmische Strahlung beträgt pro Person etwa 2,4 mSv/Jahr. Die Strahlung aus zivilisatorischen Quellen von durchschnittlich 1,6 mSv/Jahr geht vorwiegend auf medizinische Diagnostik (CT,

---

[21] Alpha-Strahlung ist eine Art des radioaktiven Zerfalls von Atomkernen.

Röntgenaufnahmen etc.) zurück. Einige Beispiele:

- Röntgenaufnahmen der Zähne ca. 0,01 mSv,
- Röntgenaufnahmen der Wirbelsäule ca. 1 mSv,
- Computertomographie (CT): 2-15 mSv
- Szintigraphie: 2-10 mSv
- Radiotherapie: 5-40 mSv

8.5.1.2 Radontherapie

Die Möglichkeit zur therapeutischen Nutzung beruht auf der geringen Strahlungsbelastung wegen der kurzen Halbwertszeit und der sehr geringen Eindringtiefe in Haut und Schleimhäute. Da die biologische Halbwertszeit nur etwa 30 Minuten beträgt, handelt es sich also um einen kurzen Reiz und nicht um eine dauerhafte Exposition. Dieser Faktor unterscheidet die kurzzeitige Anwendung in der thermalen Schmerztherapie von der durchaus schädlichen Dauerexposition durch Radonstrahlung in Gebäuden oder Bergwerken.

8.5.1.3 Wirkung auf den Organismus

Nachfolgend geben wir eine Aufstellung der Wirkungen der Radontherapien auf den Körper.

- Stimulation der biologischen Zellaktivität durch Energieimpuls und Ionisierungskapazität
- Vegetativ - hormonelle Umstellung durch Aktivierung von Hypophyse, Nebennierenrinde und Keimdrüsen
- Verringerung der Nervenerregbarkeit, Förderung der Endorphin Ausschüttung (sedierend und schmerzstillend)
- Freisetzung von entzündungshemmenden Zellmediatoren und immunkompetenten Zellen

Daraus folgen als wichtigste medizinische Indikationen: Schmerzhafte entzündliche, degenerative und Autoimmunerkrankungen des Stütz- und Bewegungsapparates (z.B. Rheuma, Sklerodermie, Neurodermitis, Polyarthritis, M. Bechterew usw.), Allergien bzw. allergisches Asthma durch Stabilisierung der Mastzellenmembran.

Die Wirkung des Radons kann anhand von Untersuchungsergebnissen zu Behandlungseffekten der Elisabethquelle in Bad Gastein (Österreich) mit einem Radongehalt von 2.515 Bq/l dargestellt werden (Tabelle 8).

Tabelle 8: Wirkung des Radons im Thermalwasser der Elisabethquelle in Bad Gastein (Österreich).

Beeinflussung	Organismus
regt an	den Zell-Reparatur-Mechanismus und die endo-krinen Drüsen
vermindert	den Schmerzbotenstoff Substanz P und die aggressiven freien Radikale
aktiviert	den heilungsfördernden und entzündungshem-menden Botenstoff TGF-Beta1
veranlasst	die Erhöhung der Beta-Endorphine und die posi-tive Wirkung auf der Serotonin-Stoffwechsel

Diese vielfältigen Einflüsse auf den Körper wirken chronischen Entzündungen und Allergien entgegen und führen zu einer lang anhaltenden Schmerzlinderung.

<u>Pro und Contra:</u>

Bei der Radon-Therapie ist die Strahlungsdosis so gering, dass nur ein sehr geringer Teil der Zellen durch Alphateilchen getroffen wird, die durch ihren Energieimpuls und Ionisierungskapazität unter anderem die Abgabe von entzündungshemmenden Zytokinen[22] fördern.

Es soll hier betont werden, dass die Radontherapie nur ein Baustein innerhalb des gesamten Spektrums einer Thermalkur ist. Somit hängt die spezifische Wirkung des Radons sehr von der Zusammensetzung des Wassers ab, in dem es gelöst ist. So verstärkt es z.B. auf Ischia die entzündungshemmende Wirkung der Chlorid- Hydrogenkarbonat-Sulfat-Wässer.

Hier kommt es in Form von Bädern meist zur Linderung von schmerzhaften chronischen Beschwerden des Bewegungsapparates zum Einsatz. Auch hormonelle Dysfunktionen (Funktionsstörung) sowie chronische Entzündungen im gynäkologischen Bereich werden positiv beeinflusst.

---

[22] Zytokine werden Proteine bezeichnet, die das Wachstum und die Differenzierung von Zellen regulieren.

Nach MICHEL (1997) ist die Radontherapie in Form eines Thermalbads, einer Fangoanwendung oder als Inhalation eine Anregung für den Stoffwechsel und führt zu regenerativen Prozessen im Gesamtorganismus. Dem Alterungsprozess mit seinen Stoffwechselablagerungen und Bindegewebsdegenerationen wird somit entgegengewirkt. Diese Therapiemaßnahmen haben das Ziel den Körper zu verjüngen.

Die Relation Nutzen - Schaden liegt weit im positiven Bereich, da die effektiven Strahlendosen der Patienten selbst bei einer vierwöchigen Kur bei der intensiven Radonstollenkur in Bad Gastein unter der natürlich bedingten jährlichen mittleren Strahlendosis (2,4 mSv/a) liegen.

Nach PRATZEL et al. (1993) gibt es keine Unterschied bezüglich eines Risiko der Strahlenschädigung bei der Radon-Behandlung oder der natürlichen Strahlenexposition.

Natürlich ist bei immungeschwächten Patienten, Kindern und Schwangeren von einer Radonexposition abzusehen.

8.5.1.4 Wo befindet sich Radon?

Jedes Wasser, das sich im Untergrund befindet, enthält auch Radon aber je nach physikalischem Zustand (Temperatur, Fließgeschwindigkeit, usw.) in unterschiedlichen Mengen. Der Großteil der uns vorliegenden Thermalwasseranalysen enthält leider keine Angaben zum Radon-Gehalt. Im Jahr 1999 veröffentlichten INGUAGGIATO et al. (1999) jedoch Thermalwasseranalysen, bei denen auch der Radon-Gehalt angegeben wurde. Diese Thermalwässer weisen mit weniger als 250 Bq/l nur geringe Radon-Gehalte auf und gelten daher nach der deutschen Klassifikation (mindestens 666 Bq/l) nicht als radonhaltig.

Die italienische Nomenklatur unterscheidet sich von der deutschen. Dort wird die Radioaktivität der Thermalwässer wie in Tabelle 9 angegeben klassifiziert.

Tabelle 9: Italienische Klassifizierung der Thermalquellen nach ihrem Radon-Gehalt.

Thermalwasser	Radioaktivität in Bq/Liter
Leicht Radioaktiv	37 – 1.110
Radioaktiv	1.110 – 5.550
Stark Radioaktiv	mehr als 5.550

In den uns vorliegenden Analysen von der Insel Ischia ist nur in 23 Fällen eine Radon-Konzentration angegeben. Lediglich in zwei dieser Analysen wurden erhöhte Radon-Gehalte (>666 Bq/l) festgestellt. Eine stammt aus Casamicciola von 1971 und eine aus Lacco Ameno von 1956. Der Radongehalt des Thermalwassers in Casamicciola beträgt demnach 1.039 Bq/l, wohingegen in der Quelle von Santa Restituta in Lacco Ameno sogar 37.463 Bq/l gemessen wurden (Visintin, 1959). Vergleichbare radonhaltige Heilquellen in Deutschland sind die Wettin Quelle in Bad Brambach mit 30.555 Bq/l und die Tempel-Quelle in Bad Steben mit 1.513 Bq/l.

Ein Überblick über den Radon-Gehalt verschiedener Thermalwasserquellen in Europa ist in Tabelle 10 gegeben und kann aus CONSIGLI (1957) entnommen werden.

Tabelle 10: Radon-Gehalte in verschiedenen Thermalwasserquellen.

Land	Lokalität	Quelle	Bq/Liter
Italien	Lurisia		41.049
Deutschland	Oberschlema	Bismarck	40.110
Italien	Lacco Ameno	Santa Restituta	37.462
Deutschland	Bad Brambach	Wettin	30.555
Italien	Lacco Ameno	Greca	21.204
Japan	Matusomi		19.159
Tschechien	Joachimstal		16.172
Spanien	Valdemorillo		8.059
Italien	Lacco Ameno	Regina Isabella	4.709

Österreich	Bad Gastein	Reissenhacher	3.592
Italien	Merano		3.471
Italien	Bormio		2.704
Österreich	Bad Gastein	Elizabeth	2.515
Deutschland	Bad Steben	Tempel	1.513
Italien	Casamicciola	Italia	1.038

Im Jahr 1989 wurde von BARTOLI et al. (1989) an verschieden Orten der Insel Ischia die Strahlungsdosis gemessen. Aus den Untersuchungen ergeben sich die in Tabelle 11 aufgelisteten Werte.

Tabelle 11: Strahlungsdosis an verschiedenen Orten auf der Insel Ischia.

Ort	Ortsteil	mSv/Std	mSv/Jahr
Ischia	Feuerwehr	0,000186	1,63
Ischia	San Ciro	0,000162	1,42
Casamicciola	Piazza Bagni	0,000210	1,84
Lacco Ameno	Zentrum	0,000200	1,75
Forio	Monterone	0,000220	1,93
Forio	Citara	0,000290	2,54
Serrara Fontana	St. Angelo	0,000230	2,01
Barano	Maronti	0,000216	1,89
Barano	Testaccio	0,000214	1,87

Leider sind bei dieser Analyse nur die Strahlungsdosen gemessen worden und nicht der eigentliche Radon-Gehalt. Eine generelle Umrechnung von Becquerel in eine Strahlendosis (z.B. Sievert, s.o.) und umgekehrt ist nicht möglich, weil die verschiedenen radioaktiven Isotope unterschiedliche Zerfallswege mit entsprechenden Strahlungsenergien aufweisen.

Aus der Tabelle 11 ist zu entnehmen, dass es auf der Insel Ischia keine hohe Strahlungsdosis gibt, die auf radonhaltige Thermalquellen hinweist, auch wenn der Radongehalt nicht direkt gemessen wurde.

9 KUR ODER GESUNDHEITSURLAUB AUF ISCHIA

Grundsätzlich gibt es niemanden, der auf Ischia gänzlich fehl am Platze wäre! Bei einem Kuraufenthalt auf Ischia stellen sich nur die Fragen: welche Anwendungen sollen durchgeführt werden? Welche Reisezeit? Welchen Ort auf der Insel möchten Sie besuchen? Und wie lange soll Ihr Aufenthalt dauern? Dieses Kapitel befasst sich abschließend mit diesen Fragen.

Es gibt verschiedene Möglichkeiten hier etwas für ihre Gesundheit zu tun:

- Eine drei- bis vierwöchige **Kur** für eine der obengenannten Indikationen, die übrigens sehr häufig auch von den deutschen Krankenkassen als ambulante Vorsorgemaßnahme (früher offene Badekur) bezuschusst wird.
- Ein **Gesundheitsurlaub** dient zur Erholung, fördert das kulturelle Interesse, weckt die sportliche Aktivität, in Form von z.B. Wanderungen oder Wassersport in Verbindung mit Thermalanwendungen.
- Bei **Kontraindikationen für Thermalanwendungen** ist eine allgemeine Erholung und Bewegung bei weitgehend schadstofffreier Luft, sowie unterschiedlichen Landschaftsbildern, wie Strand, Berge und Meer, empfehlenswert.

Die Beantwortung der Frage, welche Quelle oder Ortschaft auf Ischia die geeignete für den (Kur-)gast ist, ergibt sich aus den vorrausgegangenen geologischen und medizinischen Ausführungen. Die Homogenität der ischitanischen Thermalwässer überwiegt bei weitem die Unterschiede. Eher sollte man die mikroklimatischen Varianten der Insel berücksichtigen. So findet man pauschal gesagt in den etwas höher gelegenen Inlandsgebieten der Insel eine höhere Luftfeuchtigkeit, bei einem insgesamt jedoch geringeren Reizklima. Wind, Wellen und Salzgehalt des Meeresklimas bedingen einen höheren Reizfaktor an der Küste.

So würde man z.B. den jüngeren Schmerzpatienten, die eher in Meeresnähe zu findenden Chlorid-Wässer oder Solen empfehlen. Demgegenüber ist für ältere, abwehrschwache oder sehr gestresste Personen ein guter Effekt von den Hydrogenkarbonat-Wässern der höher gelegenen Orte zu erwarten. Interessanterweise finden die meisten Gäste sehr bald nachdem sie die Insel kennengelernt haben, selbst ihren individuell optimalen Kurort auf Ischia, zu dem sie als „Stammgäste" immer wieder kommen.

Wenden Sie sich auf jeden Fall an einen örtlichen Badearzt, der mit Ihnen einen individuellen Plan erstellt, um Ihrem Aufenthalt auf Ischia zu optimalem Erfolg zu verhelfen. Auch weil die individuellen Motivationen, sich auf Ischia zu erholen, unterschiedlich sind: z.B. zur Besserung von chronischen Schmerzen und Funktionsstörungen, zur Gesundheitsvorsorge, zum Abbau von Stresssymptomatik, zum Überdenken und Korrigieren der „Alltagssünden" (z.B. mangelnde Bewegung, Ernährungsfehler, übermäßiger Genussmittel- und Medikamentenkonsum usw.).

Obwohl wir gesehen haben, dass die Wirkung des Thermalwassers in seinen verschiedenen Anwendungsformen ein sehr komplexes Geschehen ist, so gilt doch die Grundregel: Je geschwächter der Organismus, desto geringer muss die Reizstärke sein, die dem Körper neue Impulse zur Selbstheilung geben, ihn jedoch nicht weiter ermüden soll. Das betrifft auch die „Rahmenbedingungen": Die große Sommerhitze, sehr anstrengende Sportarten, Schlafentzug und Exzesse aller Art sind zu meiden. Nach einer anstrengenden Anreise sollte man sich vor Beginn der Thermalkur erst einmal ausruhen und akklimatisieren.

Doch letztendlich kann man hier durch den Kontakt mit den Heilmedien und das Eintauchen in die Natur wieder einen besseren Bezug zum eigenen Körper finden. Wieder lernen, auf seine Signale zu hören, sich selbst als Einheit von Körper, Geist und Seele zu erleben und somit wieder selbst die Verantwortung für die eigene Gesundheit und den eigenen Lebensstil zu übernehmen. Denn Ischia ist viel mehr als die schematische Durchführung von Heilwasseranwendungen: Es vermittelt das Bewusstsein, besonders bei Schmerz und Stress, dass es auch anders geht!

Glück Auf – und bleiben Sie gesund!

Literaturverzeichnis

Bartoli, G. et al. (1989): Valutazione dei livelli di esposizione alla radioattività negli ambienti termali l'Isola d'Ischia nel corso di un anno - Annali di Igiene, medicina preventiva e di comunità - Società editrice Universo, Vol. I, 6: 1781 - 1823

Celico, P. et al. (1999): La Complessita Idrogeologica di un area Vulcanica Attiva: l'Isola d'Ischia (Napoli-Campania). - Bollettino della Società Geologica Italiana, 118: 485-504.

Consigli, V. P. (1957): Le Acque Radioattive Di Lacco Ameno nella Isola d'Ischia. – Collana Scientifica Centro Studi Ischiatherme, 3: 1-29.

De Gennaro, M. et al. (1984): Geochemistry of Thermal Waters on the Island of Ischia (Campania, Italy). – Geothermics, 13: 361-374.

Hüter-Becker A. & Dölken, M. (2007): Physiolehrbuch Basis: Physikalische Therapie, Massage, Elektrotherapie und Lymphdrainage. - 1. Auflage; 323 S.; Stuttgart (Thieme).

Inguaggiato, S. et al. (1999): Chemical and Isotopical Characterization of Fluid Manifestations of Ischia Island (Italy). - Journal of Volcanology and Geothermal Research, 99: 151-178.

Kleinschmidt, J. (2005): Begriffsbestimmungen – Qualitätsstandards für die Prädikatisierung von Kurorten, Erholungsorten und Heilquellen. Deutscher Heilbäderverband e.V., Schumannstraße 111, D-53113 Bonn

Mazza, A. (2003): Guida Medica Alle Cure Termali dell'Isola d'Ischia. Tipolito Epomeo – Forio d'Ischia.

Michel, G. (1997): Mineral- und Thermalwässer - Allgemeine Balneogeologie, Lehrbuch der Hydrogeologie, Band 7. - 398 S.; Stuttgart (Borntraeger).

Moret, L. (1946): Les Sources Thermominerales. Hydrogeologie-Geochemie-Biologie. - 146 S., Paris (Masson).

Panichi, C. et al. (1992): Geothermal Assessment of the Island of Ischia (Southern Italy) from Isotopic and Chemical Composition of the Delivered Fluids. – Journal of Volcanology and Geothermal Research, 49: 329-348.

Pichler, H. (1970): Italienische Vulkan-Gebiete II: Phlegräische Felder, Ischia, Ponza-Inseln, Roccomonfina. In: Sammlung Geologischer Führer, Band 52. - 186 S. Berlin (Borntraeger).

Pitschmann, H. (1969): Beiträge zur Thermalalgenflora der Insel Ischia. – Festschr. Scheminzky, Ber. Nat.-Med. Ver. Insbruck, 57: 185-193.

Pratzel, H. G. (1993): Wirksamkeitsnachweis von Radonbädern im Rahmen einer kurmedizinischen Behandlung des Zervikalen Schmerzsyndroms. - Phys. Rehab. Kur. Med., 3: 76-82.

Sbrana, A. et al. (2011): Carta Geologica della Regione Campania – Foglio 464: Isola d'Ischia, 1:10.000.

Visintin, L. (1956): Goldmanns Handatlas. 158 S.; München (Goldmann).

Vouk, V. (1959): Die Thermalalgen – Vegetation von Bad Gastein. – Fund. Bal.-Bioclim., 1: 212-226.

Abbildungsverzeichnis

Tabellenverzeichnis

Index und Ortsverzeichnis

A

B

P

Q

R

S

T

U

V

W

Anhang

Anhang 1: Auswertung einer Thermalwasseranalyse

Für eine genaue Einteilung „Ihres" Thermalwassers nach der deutschen Klassifikation, also nach den prozentualen Anteilen der Ionen, ist ein kleiner Rechenaufwand erforderlich. Damit es nicht zu theoretisch wird, haben wir zwei Beispiele für Sie ausgesucht, anhand derer wir Ihnen die einzelnen Formeln Schritt für Schritt erklären werden. Zuerst führen wir die Berechnung für eine **Chlorid-Wasser-Probe** durch.

1. Als erstes legen Sie zwei Tabellen an (s. Tabelle A1.1 und A1.2): eine für die Kationen (positiv geladene Ionen) und eine für die Anionen (negativ geladene Ionen). Dann müssen Sie herausfinden, welche der aufgelisteten Ionen zu den Kationen und welche zu den Anionen zählen. Da der Chemieunterricht schon etwas zurückliegt, haben wir in den unten stehenden Tabellen die am häufigsten auftretenden Ionen bereits aufgeteilt. Wir haben auch schon die Atomgewichte für die einzelnen Ionen angeben (Spalte a), die Sie in einem späteren Rechenschritt brauchen werden.

2. Als zweiten Schritt tragen Sie die angegebenen Massenkonzentrationen in mg/l in Spalte b in den entsprechenden Tabellen ein. Ionen, die nicht im Wasser vorhanden sind werden mit 0 (Null) oder gar nicht in der Analyse erwähnt.

3. Nun müssen Sie die Äquivalentkonzentration in mmol/l berechnen. Dazu dividieren Sie die Massenkonzentration durch das dazugehörige Atomgewicht: für Natrium wurde eine Massenkonzentration von 7800 mg/l gemessen. Da das Atomgewicht von Natrium 22,99 g/mol beträgt, erhält man eine Äquivalentkonzentration von **7.800 / 22,99 = 339,28 mmol/l.** Das tragen Sie nun in Spalte c ein. Das Gleiche müssen Sie nun für alle weiteren Ionen durchführen (s. Tabelle A1.1 und A1.2).

Zum Schluss folgt die Berechnung des Äquivalentanteils. Dieser wird für die Anionen und für die Kationen separat ermittelt. Aus diesem Grund haben Sie am Beginn zwei verschiedene Tabellen angelegt. Damit Sie aus den bisher gewonnenen

Daten den Äquivalentanteil in Prozent ermitteln können, müssen Sie zuvor die Äquivalentkonzentrationen aller Kationen, beziehungsweise aller Anionen addieren (Summe der Spalte c in Tabelle A1.1 und A1.2). Den Äquivalentanteil erhält man dann mittels der folgenden Gleichung: Äquivalentkonzentration des gewünschten Kations bzw. Anions geteilt durch die Summe der Äquivalentkonzentration der Kationen bzw. Anionen (Summe der Spalte c). Das Ergebnis mit 100 multipliziert ergibt dann den Äquivalentanteil, zum Beispiel bedeutet dies für Natrium: **339,28 / 412,29 * 100 = 82,29 %**

Tabelle A1.1: Kationen-Hauptbestanteile der Chlorid-Wasser-Probe.

Kationen	(a)	(b)	(c)	(d) %
Natrium (Na^+)	22,990	7.800,00	339,28	82,29
Kalium (K^+)	39,098	340,00	8,70	2,11
Calcium (Ca^{2+})	40,080	464,00	11,58	2,81
Magnesium (Mg^{2+})	24,305	1.244,00	51,18	12,41
Eisen (Fe^{2+})	55,850	55,55	0,99	0,24
Mangan (Mn^{2+})	54,940	6,46	0,12	0,03
Lithium (Li^+)	6,941	3,00	0,43	0,10
Barium (Ba^{2+})	137,330	1,80	0,01	0,00
Summe		9.914,81	412,29	100,00

(a)   = Atom-Gewicht in g/mol

(b)   = Massen-Konzentration in mg/l

(c)   = Äquivalent-Konzentration in mmol/l
(= b geteilt durch a)

(d)   = Äquivalent-Anteil in % (=**c** geteilt durch **die Summe der Spalte c** mit **100** multipliziert)

Tabelle A1.2: Anionen-Hauptbestandteile der Chlorid-Wasser-Probe.

Anionen	(a)	(b)	(c)	(d) %
Chlorid (Cl^-)	35,453	18.222,84	514,00	93,68
Hydrogenkarbonat (HCO_3^-)	61,016	597,80	9,80	1,79
Sulfat (SO_4^{2-})	96,056	2.389,64	24,88	4,53
Fluorid (F^-)	18,998	0,00	0,00	0,00
Bromid (Br^-)	79,904	0,00	0,00	0,00
Iodid (I^-)	126,900	0,00	0,00	0,00
Summe		21.210,28	548,67	100,00

(a)   = Atom-Gewicht in g/mol

(b)   = Massen-Konzentration in mg/l

(c)   = Äquivalent-Konzentration in mmol/l
(= b geteilt durch a)

(d)   = Äquivalent-Anteil in % (=**c** geteilt durch
die Summe der Spalte c mit **100** multipliziert)

4. Jetzt, da Sie alle Äquivalentanteile berechnet haben, können Sie ‚Ihr' Thermalwasser schnell klassifizieren (Abbildung 14). Überprüfen Sie dazu, welche Ionen einen Äquivalentanteil von mehr als 20 % haben. In unserem Beispiel sind dies Natrium bei den Kationen bzw. Chlorid bei den Anionen. Doch bevor wir das Wasser einordnen, schauen wir uns zunächst noch die besonderen Bestandteile wie Eisen, Fluorid oder Bromid an. Sie erinnern sich vielleicht, dass ein Thermalwasser als eisenhaltig gilt, wenn mehr als 20 mg/l Eisen enthalten ist (Tabelle A1.1). In unserer Analyse liegt dieser Wert bei 55,55 mg/l, Fluorid, Bromid und Iodid sind allerdings nicht enthalten.

5. Wir haben also Natrium und Chlorid mit jeweils mehr als 20 % und Eisen mit mehr als 20 mg/l. Demnach handelt es sich um ein **eisenhaltiges Natrium-Chlorid-Wasser.**

Da Natrium-Chlorid-Wässer auch Solen sein können, betrachten wir noch einmal die Massenkonzentrationen von Natrium und Chlorid. Damit ein Thermalwasser als Sole bezeichnet werden kann, müssen mindestens 5.500 mg/l Natrium und mindestens 8.500 mg/l Chlorid enthalten sein. Da in unserem Beispiel beide Mindestwerte übertroffen werden - die Massen-konzentration von Natrium beträgt 7.800 mg/l, die von Chlorid 18.222,84 mg/l – ist unser Beispiel eine **eisenhaltige Sole**.

Für **Hydrogenkarbonat-Wasser** wird die Berechnung gleich wie für Chlorid-Wasser von Schritt 1 bis 5 durchgeführt. Allerdings überwiegen in der Analyse bei dem Äquivalentanteil in % die Anionen des Hydrogenkarbonats mit ca. 52 % (Tabelle A1.4). Nachfolgend finden Sie die Analyse der Nitrodi-Quelle (Tabelle A1.3 und A1.4). Bei den Kationen haben sowohl Natrium (ca. 59 %) als auch Calcium (ca. 29 %) einen Äquivalenzanteil von über 20 %. Bei den Anionen trifft dies auf Hydrogenkarbonat (ca. 52 %) zu. Andere Elemente wie Eisen, Strontium, Phosphor, Bromid oder Iod erreichen in diesem Wasser nicht die Mindestkonzentration und werden daher bei der Benennung des Wassers nicht berücksichtigt. Demnach handelt es sich bei dem Wasser der Nitrodi-Quelle um ein **Natrium-Calcium- Hydrogen-karbonat**-Wasser.

Tabelle A1.3: Kationen-Hauptbestandteile der Hydrogenkarbonat-Wasser-Probe.

Kationen	(a)	(b)	(c)	(d) %
Natrium (Na^+)	22,990	160,00	6,96	59,34
Kalium (K^+)	39,098	22,00	0,56	4,80
Calcium (Ca^{2+})	40,080	135,00	3,37	28,72
Magnesium (Mg^{2+})	24,305	19,55	0,80	6,86
Eisen (Fe^{2+})	55,850	0,04	0,00	0,01
Strontium (Sr^{2+})	87,620	0,45	0,01	0,04
Phosphor (P)	30,974	0,85	0,03	0,23
Barium (Ba^{2+})	137,330	0,00	0,00	0,00
Summe		337,89	11,73	100,00

(a)   = Atom-Gewicht in g/mol

(b)   = Massen-Konzentration in mg/l

(c)   = Äquivalent-Konzentration in mmol/l
          (= b geteilt durch a)

(d)   = Äquivalent-Anteil in % (=**c** geteilt durch
          die Summe der Spalte c mit **100** multipliziert)

Tabelle A1.4: Anionen-Hauptbestandteile der Hydrogenkarbonat-Wasser-Probe.

Anionen	**(a)**	**(b)**	**(c)**	**(d) %**
Chlorid (Cl^-)	35,453	98,97	2,79	17,22
Hydrogenkarbonat (HCO_3^-)	61,016	512,40	8,40	51,79
Sulfat (SO_4^{2-})	96,056	219,00	2,28	14,06
Silizium (Si)	*28,085*	77,00	2,74	16,91
Bromid (Br^-)	79,904	0,20	0,00	0,02
Iodid (I^-)	126,900	0,22	0,00	0,01
Summe		**907,79**	**16,22**	**100,00**

(a)   = Atom-Gewicht in g/mol

(b)   = Massen-Konzentration in mg/l

(c)   = Äquivalent-Konzentration in mmol/l
          (= b geteilt durch a)

(d)   = Äquivalent-Anteil in % (=**c** geteilt durch
          die Summe der Spalte c mit **100** multipliziert)

Anhang 2: Klassifikation des Fangos nach festen Bestandteilen (=Peloide)

Tabelle A2: Fango mit unterschiedlichen festen Bestandteilen als Trägermaterialien.

Peloide	Geologisch-genetische
Gruppe *Lockergesteine*	
Torf (Hochmoor-, Niedermoortorf, Moorerde)	Sedentäre Peloide
Lebermudde, Torfmudde, Kieselgur	Limnische Peloide
Marine Schlicke (Salzwasserschlick), Sapropel, Limane	Marine Peloide
Flussschlicke	Fluviatile Peloide
Schlammartige Quellsedimente (Sulfid-, Schwefel-, Ockerschlamm)	Krenogene Peloide
Löss	Äolische Peloide
Lehm, Ton	Pedogene Peloide
Tuffite	Vulkanogene Peloide
Gruppe *Festgesteine*	
Tonstein, Tonschiefer	Tonstein-Peloide
Mergel, Kreide, Kalk, Dolomit	Kalkstein-Peloide
Tuff, Phonolith	Vulkanite-Peloide

Anhang 3: Spurenelemente im Wasser

Tabelle A3: Spurenelemente im Wasser und deren Wirkung auf den menschlichen Körper.

Spurenelement	Wirkung/Besonderheit
Arsen (As)	Nahrungsaufnahme 0,4 – 1mg/Tag. As5+ ungiftig, As3+ giftig, tödliche Dosis von Arsenik (As2O3) 100 – 300 mg
Blei (Pb)	Giftig (endemische Koliken, Schädigung des zentralen Nervensystems und der glatten Muskulatur). Grenzwerte in Trinkwasser-, Mineral- und Tafelwasserverordnung 0,00004 mg/l
Bor (B)	Im Grundwasser Hundertstel bis Zehntel mg/l. Für tierischen Organismus keine Bedeutung. Im Wein rund 10mg/l $B^{3}+$
Brom (Br)	Keine physiologische Bedeutung. Bromide wirken sedativ
Eisen (Fe)	Im Menschen 4000-5000 mg. An Hydrogencarbonat (HCO3) gebunden sind Eisen-Hydrogen-carbonat-Wässer (Fe-HCO3-Wässer) und Eisen-Säuerlinge enthalten 5 – 15 mg/l $F^{e2}+$
Fluor (F)	Im Menschen rund 2600 mg (vor allem in Knochen). Weniger als 1 mg/l in Nahrung verursacht Zahnkaries. Zuviel wirkt toxisch
Jod (I)	Im Menschen rund 10mg (vor allem in der Schilddrüse). Bei Jodmangel: vergrößerte Schilddrüse. Im Meerwasser rund 0,05 mg/l
Kieselsäure (SiO_2)	In natürlichen Wässern 1 – 30mg/l
Kohlenstoffdioxid (CO_2)	20 Vol-% in Atemluft wirken toxisch
Kupfer (Cu)	Als Spurenelement essentiell für Menschen, sonst giftig. Im Menschen 80 – 100mg. Aufnahme über Nahrung 2 - 5mg/Tag
Lithium (Li)	In normalem Grundwasser 0,001 - 0,5 mg/l. Nahrungsaufnahme 1 – 2,5 mg/Tag. Medizinisch: Antipsychotikum
Nickel (Ni)	Im Menschen rund 10mg

Radon (Rn)	Radioaktiv, Halbwertzeit 3,82 Tage
Schwefel (S)	Lebenswichtig, aber zu viel ist giftig. Toxische Grenzkonzentration 50 mg/l
Selen (Se)	Im Grundwasser weniger als 0,001 mg/l bis Zehner 0,01mg/l. Im Menschen 10-15 mg
Strontium (Sr)	Größere Mengen toxisch (Verkalkung der Knochen)
Vanadium (V)	In sauerstoffhaltigem Grundwasser selten mehr als 0,00001 mg/l
Zink (Zn)	Im Menschen 2000 – 4000 mg. Wichtiges Spurenelement